Abel Hernández-Muñoz

Zoología, Ciencia de los Animales

Abel Hernández-Muñoz

Zoología, Ciencia de los Animales

Un panorama de esta ciencia al alcance de todos

Editorial Académica Española

Imprint

Any brand names and product names mentioned in this book are subject to trademark, brand or patent protection and are trademarks or registered trademarks of their respective holders. The use of brand names, product names, common names, trade names, product descriptions etc. even without a particular marking in this work is in no way to be construed to mean that such names may be regarded as unrestricted in respect of trademark and brand protection legislation and could thus be used by anyone.

Cover image: www.ingimage.com

Publisher:
Editorial Académica Española
is a trademark of
Dodo Books Indian Ocean Ltd. and OmniScriptum S.R.L publishing group

120 High Road, East Finchley, London, N2 9ED, United Kingdom
Str. Armeneasca 28/1, office 1, Chisinau MD-2012, Republic of Moldova, Europe
Printed at: see last page
ISBN: 978-613-9-43440-4

ZOOLOGÍA, CIENCIA DE LOS ANIMALES

MSc. Abel Hernández Muñoz

ÍNDICE

Contenidos   **Páginas**

Introducción   3

Capítulo I La diversidad del mundo vivo   6

El origen de la vida

Métodos de estudio de la célula.

Estudio de la célula.

Unidad y diversidad de los organismos vivos.

Capítulo II Animalia   24

Definición. Caracteres generales.

Phylum Porífera

Phylum Coelenterata

Phylum Platyhelminthes

Phylum Nematodo

Phylum Mollusca

Phylum Annelida

Phylum Echinodermata

Phylum Chordata   61

Clase Chondrichthyes

Clase Osteichthyes

Clase Amphibia

Clase Reptilia

Clase Aves

Clase Mammalia

Capítulo III   Relaciones de los organismos con el ambiente   89

Los ecosistemas. Características.

Zonas de vegetación y población animal. Los biomas.

Bibliografía   104

INTRODUCCIÓN

La biosfera, es la esfera terrestre en la que se encuentran todos los componentes vivos de la Tierra en estrecha interacción con la atmósfera, la hidrosfera y la litosfera. Esta esfera de la vida está caracterizada por la gran diversidad de organismos en correspondencia con la forma en que se adaptan a sus condiciones de vida, así como su unidad en relación con las características comunes que entre ellos existe.

Cada uno de los componentes vivos de la Tierra, se han adaptado a condiciones particulares en las que las estructuras típicas de cada especie responden a los hábitats que ocupan. Entre todos ellos se establecen relaciones, así como con los componentes no vivos del lugar que habitan, lo cual hace posible el equilibrio ecológico, siempre que la preservación de las condiciones medioambientales así lo permitan.

Desde que surge la vida en el planeta y con ella el hombre como organismo más evolucionado en la escala zoológica, ha sido una preocupación constante en los hombres de ciencia, el estudio de los diferentes organismos. El conocimiento empírico espontáneo le permitió a la especie humana descubrir características y comportamientos de los distintos organismos en la naturaleza y poder actuar en correspondencia con esos conocimientos. Pero nada pudo sustituir la necesidad de descubrir las características esenciales y las reacciones de los organismos entre sí y con su medio. Con el desarrollo evolutivo fueron apareciendo nuevas especies y algunos se parecían a otros en cuanto a formas y estructuras. Atendiendo a estas necesidades del propio hombre, algunos se dedicaron a estudiar el desarrollo de la vida en el planeta y surge así la Biología como ciencia con su sistema de leyes, categorías, principios y relaciones con otras ciencias que la identifican como tal.

"Uno de los primeros objetivos de la biología fue establecer amplias generalizaciones acerca de los organismos vivos, de tal forma que los conocimientos útiles pudieran ser transmitidos de generación en generación. Al principio de la historia del hombre resultaba útil conocer qué animales eran peligrosos, cuáles eran buenos como alimento, quiénes producían o llegaban a transmitir enfermedades, etc. Pronto se observó que los organismos vivos tenían ciertas características peculiares mediante los cuales podían ser identificados con facilidad y agrupados dentro de categorías diferenciales"[1]

La Zoología, es la ciencia que estudia el comportamiento de los animales, y su interrelación con el ambiente, en estrecha relación de unos con otros. Estudia además la evolución de las especies y la transmisión de los caracteres hereditarios de una generación a otra. También se ha tenido que dedicar a clasificar las diferentes especies en distintas categorías con el propósito de agruparlos en correspondencia con sus características más comunes. Así mismo se dedica al estudio de su diversidad en correspondencia con los diferentes tipos de ecosistemas.

En consecuencia con lo anterior la Zoología posee diferentes ramas que se corresponden con los análisis de todos los factores inherentes a los diferentes grupos zoológicos, ésta en esencia estudia los distintos grupos de animales en cuanto a anatomías y funciones fisiológicas de los mismos.

Hoy nos encontramos en el Siglo XXI en el cual se suceden cambios trascendentes en cuanto a la diversidad biológica provocada por desastres producidos por el propio hombre. A lo largo de las últimas décadas, las investigaciones en la ciencia básica de la biología han generado conocimientos sorprendentes acerca de nosotros mismos, la especie humana, y de los millones de otras formas de vida que compartimos en el planeta. La aplicación de estas investigaciones básicas ha permitido disponer de la tecnología para los trasplantes de órganos, la ingeniería genética, la erradicación de numerosas enfermedades y el aumento de la producción mundial de alimentos. Estudios recientes en biología molecular y genética han producido nuevos conocimientos acerca de enfermedades. En este siglo puede apreciarse la importancia que la biología ha tenido para el mejoramiento de la calidad de vida que disfrutan muchos seres humanos.

En la medida que los zoólogos continúan el estudio de las interrelaciones de los animales que habitan el planeta, se amplía la conciencia que la humanidad tiene de sus efectos en otros organismos y en su ambiente.

---

[1] Valentín Arbona, Marta. Botánica Sistemática I. Editorial Pueblo y Educación Ciudad de La Habana,1988

Este libro se ha estructurado en capítulos que transitan desde la diversidad zoológica hasta el estudio más general de las relaciones de los organismos en el medio en que se desenvuelven.

Preguntas de autocontrol

1.	¿Qué estudia la Zoología?
2.	¿Cuáles son las principales ramas de la Zoología?
3.	¿Qué importancia posee la Zoología para el desarrollo científico alcanzado por la humanidad?

CAPÍTULO I. LA UNIDAD Y DIVERSIDAD DEL MUNDO VIVO

Para todos los que se introducen en el estudio de la Biología y en específico de la Zoología, siempre resulta interesante y constituye una preocupación, explicarse por qué existe tanta diversidad en la naturaleza en cuanto a animales se refiere. Para poder ofrecer la respuesta certera es necesario comprender primero cómo surge la vida en el planeta; pero sería imposible comprenderlo si antes no se analizan aspectos relacionados con la Tierra primitiva.

Origen de la vida.

Es opinión de muchos que la vida se originó sólo una vez, y en condiciones ambientales muy distintas a las que existen en la actualidad. Investigadores diversos ofrecieron sus resultados a través de hipótesis. Una de las más aceptadas es en la que Oparin, científico ruso, fundamentó el posible origen de la vida.

Se cree que al principio la Tierra era fría, pero en la medida que continuó la compactación gravitacional se acumuló calor, al que contribuyó la energía de la desintegración radiactiva de algunos elementos. Este calor escapaba en ocasiones a través de fuentes termales y volcanes, que también produjeron gases. Estos constituyeron la segunda atmósfera de la Tierra primitiva. Era una atmósfera reductora, con poco o nada de oxígeno libre. Entre esos gases se incluían dióxido de carbono (CO_2), vapor de agua (H_2O), monóxido de carbono (CO), hidrógeno (H_2) y nitrógeno (N_2). También es posible que la atmósfera primitiva contuviera algo de amoniaco (NH_2), sulfuro de hidrógeno (H_2S) y metano (CH_4), aunque estas moléculas reducidas pueden haber sido degradadas rápidamente ´por las radiaciones ultravioletas del Sol. A medida que la Tierra se enfriaba con lentitud, se condensaba el vapor de agua hasta que comenzaron a caer lluvias torrenciales, que formaron los océanos. Las precipitaciones erosionaron la superficie terrestre, aportando minerales a los océanos y provocaron su salinidad.

Se cumplieron cuatro requerimientos para la evolución química de la vida:

-La ausencia de oxígeno libre.

-Energía.

-Elementos químicos.

-Tiempo.

El oxígeno es muy reactivo y habría degradado las moléculas orgánicas que son un paso necesario para el origen de la vida. Sin embargo, debido a que la atmósfera terrestre era fuertemente reductora, cualquier oxígeno libre habría formado óxidos con otros elementos.

Un segundo requerimiento era un lugar de alta energía, con violentas tormentas eléctricas, vulcanismo generalizado, bombardeo de meteoritos e intensa radiación, incluyendo la alta radiación ultravioleta del Sol. Se piensa que el Sol "joven" producía más radiación ultravioleta que el actual, además que la Tierra carecía de una capa de ozono protectora que bloqueara gran parte de esa radiación.

En tercer lugar, deben haber estado presentes las sustancias químicas necesarias como constituyentes para la evolución química. Entre estas se incluían agua, minerales inorgánicos disueltos (presentes como iones) y los gases de la atmósfera primitiva.

Un último requerimiento fue el tiempo suficiente para que las moléculas se acumularan y reaccionaran.

La edad de la Tierra, de unos 4 600 millones de años, es un tiempo adecuado para la evolución química que transcurrió en varias fases. Primero, pequeñas moléculas orgánicas se formaron de modo espontáneo y se acumularon con el tiempo. Pudieron acumularse en lugar de ser degradadas (como ocurre en la actualidad) porque los dos factores que ahora degradan a las moléculas orgánicas-oxígeno libre y otros seres vivos-estaban ausentes en la Tierra primitiva. En segundo lugar, a partir de moléculas más pequeñas se ensamblaron grandes macromoléculas, como proteínas y ácidos nucleicos. Luego, las macromoléculas interactuaron entre sí y se reunieron en estructuras más complejas que con el tiempo fueron capaces de metabolizar y duplicarse. Más adelante, estos ensamblajes macromoleculares se convirtieron en estructuras parecidas a células que por último llegaron a ser las primeras células verdaderas.

Se ha valorado en la Teoría de Oparin que los movimientos de ascenso y descenso de las masas de aguas de los mares primitivos (mareas), fueron dejando depósitos en las oquedades del relieve cercano a la costa; en los momentos de marea baja los factores externos ya analizados anteriormente fueron los responsables de desencadenar los procesos ya descritos y por consiguiente originarse moléculas orgánicas muy simples denominadas prebióticas que el tiempo contribuyó a que fueran cada vez más complejas, los <u>aminoácidos</u>, o sea, los elementos constituyentes de las proteínas, y los <u>nucleótidos</u> que forman a los ácidos nucleicos. Con el tiempo estas moléculas continuaron su evolución y con ello sus variaciones.

En su complejo proceso evolutivo, las primeras manifestaciones de vida debieron caracterizarse por estar revestidas por una membrana selectiva que garantizara el intercambio con el medio y la presencia de un código genético favoreciendo la reproducción en réplicas exactas a las progenitoras. En su inicio, donde no todas estas características estaban presentes, no se consideraban células verdaderas las que se denominaron progenotes, o sea estructuras muy primitivas semejantes a una célula. El propio proceso de adaptación a condiciones diversas del medio y la aparición del ADN como parte de la estructura celular que acumula los caracteres típicos de cada especie garantizaron la aparición de células primitivas que fueron consideradas las primeras manifestaciones de vida.

La necesidad de conocer su estructura y funcionamiento, así como su comportamiento en diferentes organismos, ha hecho que el hombre se dedique a su estudio y que hoy se puedan reconocer sus diferentes formas y características en los reinos que caracterizan a la materia viva en el planeta.

Métodos de estudio de la célula.

Hace ya más de dos siglos el hombre en su intento de conocer cada día más la naturaleza emprendió el estudio de las células, desde entonces se han aportado informaciones sobre sus estructuras y funciones, complementándose unas con otras.

Los estudios que acerca de las células se han realizado hasta el momento combinan los métodos descriptivos y experimentales, utilizando para ello diferentes técnicas como las de microscópica óptica y electrónica, la de fraccionamiento celular, las citoquímicas y auto radiográficas y las de cultivo de tejidos entre otras.

El ojo humano aun, utilizando instrumentos de aumento que permiten visualizar componentes de la naturaleza, llega a un límite en que no le es posible discriminar detalles más finos de esos componentes. Esto está determinado por la posibilidad que tienen estos instrumentos y el ojo humano de poder separar algunas estructuras que se encuentran a determinada distancia.

Por esta razón la observación de las células y sus distintas estructuras requieren del empleo del microscopio. Estos instrumentos abrieron un nuevo mundo a la observación.

Se empezaron a estudiar los distintos tipos de células y su estructura interna y se descubrieron también células más pequeñas como las bacterias de las que solamente se conocían sus efectos. Todo ello a través del microscopio óptico.

Sin embargo estos equipos que utilizan la luz para la formación de imágenes llegan a un límite en el cual no pueden discriminar partículas u otras estructuras demasiado pequeñas.

La utilización de los electrones como fuente de energía abrió un nuevo campo en el estudio de las células y sus estructuras. Posibilitó la observación de su ultraestrutura y que los científicos descubrieran la compleja organización que la materia presenta en ellas y en otras formas más sencillas. A partir de este momento surge el microscopio electrónico, el que permite la observación de aquellos componentes de la materia viva tan pequeños que con el microscopio óptico no es posible observar. Esta invención ha revolucionado el desarrollo científico tecnológico que junto a los modernos sistemas de informatización permiten ampliar el campo de las investigaciones científicas.

Estudio de la célula.

La materia viva se caracteriza entre otros aspectos por su organización estructural y funcional, por la capacidad de intercambiar con el medio en que se desenvuelve y por ser capaz de reproducirse en réplicas semejantes a la que le dieron origen. Para que esto último ocurra tiene que estar bien delimitado el código genético de cada especie en el material nuclear de las células. Solo así es posible que ocurra la transmisión de caracteres.

No todas las células tienen organizado su material nuclear del mismo modo y es esto lo que le ofrece diversidad y organización estructural y funcional.

Toda célula se caracteriza por poseer una membrana citoplasmática que la envuelve y recubre, un citoplasma donde ocurren importantes procesos y un material nuclear que puede estar organizado en un núcleo delimitado por una envoltura nuclear o no.

Las células primitivas se caracterizaron por un bajo nivel de organización. En ellas se aprecia la carencia de un límite preciso entre la región nuclear y el citoplasma, carecen de membrana nuclear. El citoplasma posee bajo nivel de organización por no existir organelos y sistemas membranosos especializados como ocurre en otras células más evolucionadas. Este tipo de células es conocido como **células procariotas**. Son representantes de ella las bacterias que serán estudiadas más adelante.

Otras células denominadas **eucariotas** se caracterizan por presentar un mayor grado de complejidad estructural que la procariota. Los aspectos que la hacen distintiva y más evolucionada son la existencia del núcleo como orgánulo delimitado del citoplasma por una envoltura formadas por una doble membrana y el notable grado de organización que posee el citoplasma por poseer sistemas membranosos donde diferentes orgánulos están especializados en variadas funciones lo cual permite considerar a la célula como la unidad viva más pequeña. Son ejemplares de células eucariotas, las algas (excepto las verdeazules o), los hongos, los protozoos como la ameba, la euglena el paramecio, etc., las células vegetales y las de los animales. El modelo siguiente te muestra la estructura general de una célula Eucariota.

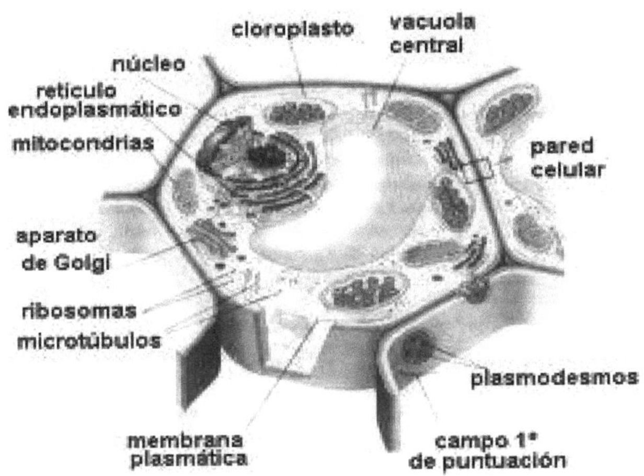

Toda célula se encuentra delimitada por una **membrana citoplasmática** (también denominada membrana plasmática) la cual hace posible mantener el contenido interno y realizar relaciones de intercambio con su medios actuando como una barrera selectiva. Es una capa bimolecular de lípidos entre los cuales de mueven moléculas de proteínas que pueden encontrarse cerca de la superficie interna o externa de dicha membrana. Otras veces las moléculas de proteína ocupan todo su espesor. Se sabe que los lípidos o grasas son impermeables por lo que las sustancias disueltas en agua no pudieran atravesar la membrana. Por el contrario las proteínas permiten el paso del agua a través de ellas, en estos casos cuando el movimiento de estas moléculas ocupan todo el espesor de la capa lípida de la membrana garantizan la permeabilidad de esta, funcionan como regiones hidrofílicas que garantizan el paso del agua y de iones. Esto permite comprender que no puede pensarse en la existencia de poros rígidos o estáticos en la membrana citoplasmática, sino poros funcionales o zonas de intercambio provocadas por la posición que ocupan las moléculas de proteínas en su movimiento en la capa lípida de la membrana citoplasmática lo cual le ofrece su carácter dinámico.

Algunas células como las vegetales, además de la membrana citoplasmática están revestidas externamente por la **pared celular** constituida por un alto contenido de celulosa. Esta también permite el intercambio con el medio a través de zonas especializadas que son los **plasmodesmos** y los **campos de punteadura**. Cuando se estudien las plantas se caracterizará más ampliamente este tipo de células. No obstante la pared celular no es exclusiva de las plantas, otros organismos como las bacterias también la poseen. Al estudiar el Reino Mónera conocerás más de ella.

Delimitado por la membrana citoplasmática se encuentra en el interior de la célula el **citoplasma** el cual constituye el lugar donde ocurren la mayoría de los procesos celulares. Posee una relación estructural y funcional muy estrecha con el núcleo encargado de la regulación de dichos procesos.

Dentro del citoplasma se encuentran los organelos que son aquellos especializados en diferentes funciones y rodeando a los mismos aparece un material denominado matriz citoplasmática caracterizada por cierto grado de complejidad a causa de su contenido enzimático, alto contenido de agua que favorece las reacciones químicas que en ella ocurren y en la que se realizan importantes funciones celulares que en su conjunto contribuyen al desarrollo del metabolismo celular. En la matriz citoplasmática se suceden los movimientos internos de todos los componentes del citoplasma.

Dentro de la matriz y formando parte del citoplasma se encuentran diferentes estructuras que presentan morfología, composición química y funciones diferentes. Estas estructuras llamadas orgánulos citoplasmáticos u organelos se encuentran en constante movimiento guardando relación unas con otras, sobre todo desde el punto de vista funcional.

A continuación conocerás algunas características de los principales orgánulos citoplasmáticos de la célula para que puedas comprender por qué es la unidad viva más pequeña.

Dentro del citoplasma se encuentran un complejo membranoso en el que existe una diferenciación estructural y funcional que determina la dinámica celular. Los **retículos endoplasmáticos** se caracterizan por ser un sistema de membranas en los cuales los canales y túmulos conectados entre sí se dispersan por todo el citoplasma. Estos participan en los proceso de síntesis de proteínas y hormonas entre otros componentes. Los retículos endoplasmásticos pueden ser lisos o rugosos; a estos últimos se les denomina así por poseer adheridos a sus membranas algunos ribosomas.

Si observas la estructura celular de la ilustración, te darás cuenta que el retículo endoplasmático guarda correspondencia con la envoltura nuclear pues es precisamente quien concentra en un área determinada de la célula todo el material nuclear y por ser los retículos complejos membranosos una parte de él está en contacto directo con el núcleo y la parte más externa con el citoplasma.

Otros organelos importantes en las células son los **ribosomas,** los cuales están constituidos por proteínas y ácido ribonucleico sintetizadas en el núcleo de donde se trasladan hasta el citoplasma. Estos los podemos encontrar asociados la las membranas del retículo endoplasmático o encontrarse libres en la matriz citoplasmática. En los dos casos su función fundamental en la célula es la síntesis de proteínas formando hormonas y otras actúan en el metabolismo celular. Algunos estudios han comprobado que también pueden participar en el intercambio celular o sea, son proteínas que van renovando las diferentes moléculas que constituyen las estructuras celulares.

El **Complejo de Golgi** denominado así en nombre del científico que lo descubrió (Camilo Golgi, histólogo alemán, 1898) se caracteriza por estar constituido por sacos aplanados semejantes a arcos dispuestos paralelamente formando dos o tres grupos.

Estos sacos aparecen generalmente alrededor de otro orgánulo denominado **centríolo.** Las otras estructuras del complejo la forman vesículas y vacuolas que se originan de los sacos aplanados.

La principal función del Complejo de Golgi en las células es la síntesis de polisacáridos.

Dentro de las células ocurren procesos relacionados con la digestión celular, entendiéndose por este el mecanismo a través del cual las células degradan los materiales que ingieren para utilizarlos posteriormente como materia prima en su metabolismo o en el recambio de sus distintos componentes. De estas funciones se encargan los **lisosomas,** estructuras de alto contenido enzimático. Están constituidas por más de cuarenta enzimas las que actúan sobre las proteínas, los ácidos nucleicos, los polisacáridos, los lípidos y también sobre los sulfatos y los fosfatos.

Es conocido que toda la materia viva intercambia con el medio y realiza procesos metabólicos importantes para liberar la energía necesaria para vivir. Dentro del citoplasma se distinguen unos organelos denominados **mitocondrias** que tienen incidencia directa en estos importantes procesos. Entre sus componentes aparecen gran cantidad de enzimas que participan directamente en la respiración celular aerobia, proceso mediante el cual es liberada cierta cantidad de energía que es utilizada en la actividad celular.

Es importante significar que el oxígeno que penetra a la célula es fijado en las mitocondrias y es precisamente dentro de ellas donde ocurren las diferentes etapas de la respiración celular aeróbica, tan importante en la liberación de energía y otros componentes que como el CO_2 es liberado a la atmósfera y utilizado por las plantas en los procesos de fotosíntesis.

Precisamente para la realización de la fotosíntesis, características de los organismos fotosintetizadores con predominio en las plantas, aparecen en las células vegetales unos orgánulos denominados **plastidios** que presentan una morfología variada de acuerdo a la función y sustancias que sintetizan. Son así los leucoplastos que son incoloros y se especializan en almacenar aceites y almidones. Por su parte los cromoplastos le ofrecen variadas coloraciones a las plantas. Estos por tanto pueden almacenar pigmentos rojos, amarillos, azules, violetas, etc. Sin embargo aquellos especializados en almacenar pigmentos verdes con alto contenido de clorofila son denominados cloroplastos, siendo estos los que intervienen directamente en los procesos de fotosíntesis. Que estudiarán más adelante.

Existen otros orgánulos en el citoplasma como los **microtúbulos y microfilamentos** que desempeñan importantes funciones en las células. Los microtúbulos desempeñan un importante papel en la división celular, pues participan en el movimiento de los cromosomas hacia los polos de las células en los procesos de la reproducción celular. También participan en los cambios de coloración de algunos peces, ya que intervienen en el movimiento de los pigmentos por el citoplasma de las células especializadas de su tegumento.

Su función además está relacionada con el mantenimiento de la forma y el movimiento de la célula, aunque ellos no son estructuras rígidas, sino que por el contrario, pueden modificar su posición y sus componentes.

Por su parte los microfilamentos de naturaleza proteica contribuyen al mantenimiento de la forma de las células y a distintos movimientos que en éstas ocurren, tales como las corrientes citoplasmáticas que se originan alrededor de las vacuolas en las células vegetales y en la formación de seudópodos como sucede en las amebas.

En las células ocurren otros movimientos de los que están responsabilizados algunos organelos denominados centríolos, cilios y flagelos.

Los **centríolos** forman parte de una zona llamada centrosoma localizados como ya se dijo anteriormente en la mayoría de los casos en la región central del complejo de Golgi. Los centríolos están formados por microtúbulos.

Al observar algunos organismos unicelulares u otras células en tejidos que forman diferentes tipos de órganos se aprecia la presencia de unos orgánulos situados en la superficie de sus células denominados **cilios y flagelos**.

Los cilios se caracterizan por se cortos y abundantes en cantidad. Unos se disponen en toda la superficie de la célula como ocurre en los paramecios cuya función está asociada a los movimientos de traslación de estos organismos unicelulares que tienen vida libre. En otros casos, en determinadas áreas de las células que forman tejidos epiteliales, los cilios participan en generar un flujo que determina una corriente en determina dirección favoreciendo el movimiento de determinadas partículas que llegan a esas zonas. Por ejemplo, la tráquea está revestida por un tejido epitelial con cilios que favorece expulsar cualquier partícula alojada en su interior que no debe llegar hasta los bronquios.

En la ilustración siguiente puedes apreciar la existencia de cilios en la parte externa de un paramecio. Observa su tamaño y cantidad.

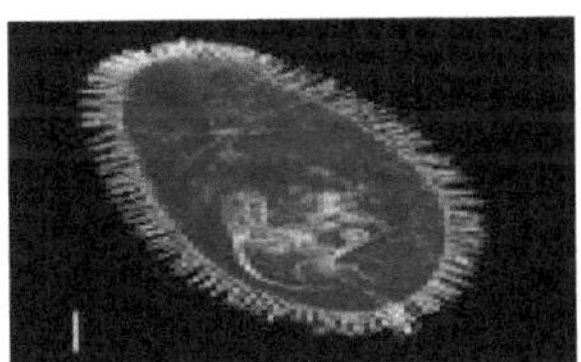

A diferencia de los cilios, los flagelos son largos y flexibles en número reducido. Por ejemplo en algunos protozoos aparece uno como en la euglena. Observa la imagen siguiente:

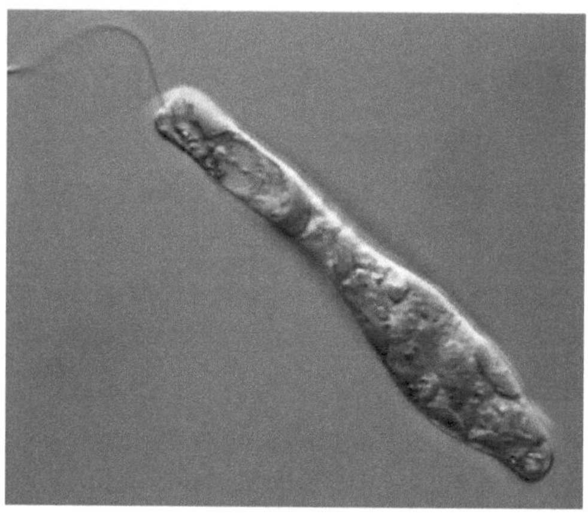

Otros componentes celulares con funciones bien determinadas son las **inclusiones citoplasmáticas** que constituyen acumulaciones de materiales que intervienen en el metabolismo celular o que son productos de este. Entre ellos se pueden considerar los lípidos, almidones, glucógeno que son constituyentes energéticos necesarios para la célula.

Como has podido apreciar el citoplasma de la células es muy complejo por la cantidad de estructuras especializadas en funciones diferentes que en él se encuentran. Es esto precisamente lo que ofrece integridad y hacen a la célula una unidad dinámica.

Otra de las estructuras celulares de relevante importancia y que por su tamaño se distingue en la célula es el **núcleo**. Está constituido por la cromatina, formada por pequeñas fibrilla y granulaciones enrolladas de forma diferentes en dependencia de la actividad metabólica del núcleo.

El núcleo está delimitado por una envoltura constituida por dos membranas. Una externa, en contacto con el citoplasma, que se continúa con el retículo endoplasmático y presenta ribosomas asociados a su superficie, y otra más interna, en contacto con el contenido nuclear, que carece de ribosomas asociados a esta. La envoltura nuclear se caracteriza por presentar interrupciones donde las membranas interna y externa se unen dejando un orificio llamado poro nuclear que garantiza la comunicación con el citoplasma regulado por algún tipo de actividad.

La cromatina está constituida por ácido desoxirribonucléico (ADN) y proteínas; estas últimas en su mayoría son sintetizadas en el citoplasma de donde migran al interior del núcleo. Se conoce que estas proteínas están asociadas con los ácidos nucleicos y desempeñan un importante papel en los mecanismos que regulan las características hereditarias.

Al observar el núcleo en el microscopio electrónico, se distingue una estructura generalmente esférica, no delimitada por membranas y que se puede encontrar por lo general en número de 1 a 4 denominada **nucléolo.**

Se ha podido apreciar la presencia de ADN en los nucléolos, el que interviene en la organización de estas estructuras formando parte de determinadas regiones de los cromosomas. El material sintetizado en el nucléolo migra al citoplasma donde interviene de manera decisiva en la síntesis de proteínas.

Cuando la célula está en su actividad reproductiva, la envoltura nuclear desaparece, el nucléolo deja de observarse y la cromatina se organiza en forma de estructuras separadas una de las otras para constituir los cromosomas. El ADN que forma parte de estos influye decisivamente en la transmisión de los caracteres hereditarios.

Gracias a la posibilidad del avance científico y tecnológico, en la actualidad el estudio y clasificación de los cromosomas por pares ha hecho posible determinar el número que caracteriza a cada especie. Además en la actualidad el estudio del ADN ha hecho posible el diagnóstico de algunas enfermedades así como el esclarecimiento de hechos delictivos.

Unidad y diversidad de los organismos vivos.

Después de que se originaron las primeras células, evolucionaron durante algunos miles de millones de años para producir la rica biodiversidad que caracteriza a nuestro planeta en la actualidad.

Cuando se observa alrededor de cualquier lugar, lo primero que llama la atención es la diversidad de organismos que existen. No se sabe con exactitud cuántas especies de organismos pueden existir, pero la mayoría de los biólogos estiman que hay cuando menos entre 5 a 10 millones. Cada uno de estos organismos tiene su propia historia de vida única, su propia forma de obtener energía, su propio lugar en el mundo de los seres vivos.

Los organismos vivos presentan características comunes que le ofrecen unidad, todos nacen, se desarrollan y mueren. Todos realizan funciones comunes como nutrición, obtención de energía, reproducción, etc. Sin embargo existen aspectos que hacen diversos a todos los seres vivos: su forma, tamaño, color, adaptación a los hábitats, formas de nutrición, reproducción, respiración, locomoción, etc. Es entonces una realidad, en la naturaleza existe unidad y diversidad del mundo vivo.

Por sus características los organismos pueden estar organizados en una sola célula por lo que son denominados **unicelulares**, otros al estar formados por más de una célula se consideran **pluricelulares**.

Al considerar esta forma de organización estructural de los organismos vivos, debe comprenderse que existen diferentes niveles de organización de la materia viva.

 De tal forma se considera entonces que a partir de una **célula** se forman **tejidos** cuando están agrupadas con estructuras semejantes adaptadas a una misma función. Los grupos de tejidos que se asocian para estructuralmente garantizar funciones específicas forman los órganos. Estos a su vez relacionados entre sí para el desempeño de una misma función contribuyen los sistemas de órganos. El conjunto de sistemas de órganos estrechamente relacionados para garantizar la integridad de funciones constituyen a los **organismos**. Todos ellos se agrupan en **poblaciones** que son organismos de una misma especie. Cuando en condiciones naturales varias poblaciones se desarrollan en un mismo ecosistema se forman las **comunidades**. El conjunto de todas las comunidades en el planeta constituyen la **Biosfera**, que es la esfera de la vida.

En consecuencia, la materia viva se organiza del modo siguiente:

Biosfera

Comunidad

Población

Organismo

Célula

Cuando observas la ilustración siguiente apreciarás con exactitud la forma en que se organiza la materia viva en el planeta.

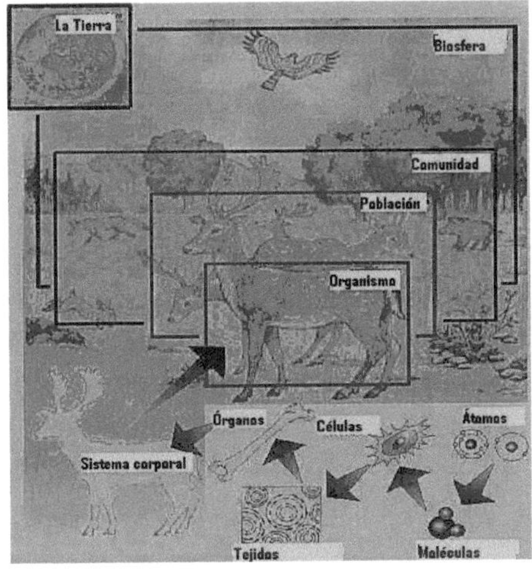

Esta enorme diversidad de especies que habitan el Planeta Tierra obligó a los biólogos enfrentar la tarea de ordenarlos, para facilitar su estudio. Esto implicó clasificar y nombrar a cada uno de ellos.

Así nacieron dos ramas especializadas de las ciencias biológicas, la **taxonomía y la nomenclatura zoológicas.** La primera se encarga de establecer las teorías y prácticas relativas a la clasificación de los animales, y la segunda, a dar nombres distintivos a cada uno de los grupos reconocidos por la clasificación.

Nomenclatura.

En diferentes países, y en regiones dentro de un país, hay múltiples formas de denominar a un mismo organismo .Estos constituyen los ***nombres vulgares.***

El perro doméstico recibe los siguientes nombres en ocho idiomas:

Francés - chién

Alemán - hund

Italiano - cane

Inglés   - dog

Polaco -   pies

Ruso   - sabaka

Danés   - hond

Hebreo - kelev

Este problema ha sido resuelto con la utilización de los **nombres científicos,** únicos para todo el mundo y escritos en latín o latinizados. Cada especie individual recibe dos nombres (**nomenclatura binominal**). La primera palabra se escribe con mayúscula y corresponde al **género**, y la segunda (que se escribe con minúscula) es el **epíteto o adjetivo específico**, por lo general descriptivo o geográfico. A continuación, generalmente se indica el apellido del científico que describió y nombró al organismo, o simplemente una abreviatura o la letra inicial, si es muy conocido. Por ejemplo: el lobo (*Canis lupus, Linneo).*

Esta forma de denominación fue establecida en 1758 por el naturalista sueco Linneo, fundador de la taxonomía moderna. Utilizó nombres en latín debido a que los eruditos de su tiempo se comunicaban en esta lengua.

Los siguientes ejemplos permiten demostrar lo expresado anteriormente: lobo, (**Canis *lupus***), coyote (**Canis *latrans***), perro doméstico (**Canis *lúpus familiaris*** L) y zorro común, (**Vulpes vulpes**).

Clasificación

Los zoologos clasifican a los animales individuales en el nivel básico de especie, que es la única categoría de esta índole que puede ser considerada en la naturaleza. Las categorías superiores son reuniones de grupos de especies.

Una ***especie*** está compuesta por grupos de poblaciones naturales, que se cruzan entre sí real o potencialmente, que comparten un acervo de genes comunes, y que están aisladas reproductivamente, de otros grupos similares. Las especies que están claramente relacionadas por compartir características importantes, se agrupan en un ***género.***

Para construir la clasificación jerárquica, se agrupan uno o más géneros en *familias*, las familias en *órdenes*, los órdenes en *clases*, las clases en *filos o divisiones,* y éstos en *reinos.*

Los grupos de organismos incluidos en estas siete categorías principales, en cualquier nivel de jerarquía, reciben el término de ***taxones.***

Para permitir una subdivisión mayor, se pueden añadir los prefijos *sub-* y *supera* cualquier categoría. Además, en clasificaciones complejas, pueden utilizarse categorías intermedias especiales como ***rama*** (entre reino y filo), y ***tribu*** (entre familia y género).

A continuación se presenta la clasificación del gorila y el hombre a modo de ejemplo.

Puede apreciarse que se incluyen en las mismas categorías hasta el nivel de suborden.

	Gorila	**Hombre**
Reino	Animalia	Animalia
Phylum	Chordata	Chordata
Subphylum	Vertebrata	Vertebrata
Clase	Mammalia	Mammalia
Subclase	Eutheria	Eutheria
Orden	Primate	Primate
Suborden	Antropoide	Antropoide
Familia	Pongidae	Homínidae
Género	Gorilla	Homo
Especie	*Gorilla gorilla*	*Homo sapiens*

Por tales razones se puede comprender que los especialistas en clasificar (taxonomistas) se basan en semejanzas y diferencias que presentan los organismos, por lo tanto se han registrado muchas clasificaciones a partir de los elementos que hasta cierto momento ha aportado la ciencia y a los criterios que asumen determinados autores.

Al principio existían los reinos Vegetal y Animal, después descubrieron características diferenciales entre estos que determinaron otras clasificaciones.

En la actualidad se asume la clasificación de R. H. Whitaker que estableció cinco reinos. Esta es la más reciente, no obstante en la medida que los descubrimientos y estudios científicos avances, las limitaciones que esta clasificación pueda presentar será perfeccionada. Los criterios seguidos por el autor agrupa a los organismos de la manera siguiente: **Reino Mónera,** donde se han incluido a todos los organismos unicelulares con células procariotas; **Reino Protista,** que comprende a los organismos unicelulares aislados o formando colonias, cualquiera que sea el tipo de nutrición o movimiento que presenten. Su reproducción es principalmente asexual con células eucariotas; **Reino Fungi,** donde se agrupan organismos que han generado controversias entre los taxonomistas por su gran heterogeneidad, es por ello que se ha tenido en cuenta sus caracteres morfológicos, las peculiaridades de su reproducción y estudios bioquímicos de su metabolismo para considerar que los mismos forman una línea evolutiva propia dentro de los organismos pluricelulares eucariotas; **Reino Plantas,** que incluye a todos los organismos pluricelulares eucariotas que poseen pared celular y pigmentos en orgánulos citoplasmáticos con nutrición autótrofa gracias al proceso de fotosíntesis, viven fijos a un sustrato y su reproducción es principalmente sexual y el **Reino Animalia** (Animales), donde se agruparon a todos los organismos pluricelulares eucariotas que no poseen clorofila y tienen adaptaciones para el desplazamiento por sí mismos, son heterótrofos y su reproducción en la mayoría de los casos es sexual.

En los Capítulos que siguen estudiarás con detalle las características del reino Animal.

Preguntas de autocontrol

1. Resuma en un cuadro, los principales eventos que se desarrollaron para que pudiera surgir la vida en el planeta Tierra.

2. ¿Qué importancia tiene el descubrimiento y utilización de la microscopía para el estudio de la vida en la Tierra?

3. "La célula es considerada la unidad estructural y funcional de todos los organismos vivos". Argumente la afirmación anterior.

4. Establezca las diferencias fundamentales entre las células procariotas y eucariotas. Cite ejemplos de cada una de ellas.

5. Explique el carácter dinámico de la membrana citoplasmática de las células.

6. Confeccione un cuadro donde pueda resumir las funciones que realizan los diferentes orgánulos citoplasmáticos de la célula eucariota.

7. Resuma la importancia del núcleo en la célula eucariota.

8. Exprese los criterios que hacen posible la unidad y diversidad del mundo vivo.

9. Valore la importancia que ha tenido clasificar a los organismos de acuerdo a las características que les son comunes y que los hacen diferentes de otros.

10. Mencione los cinco reinos en que se agrupan a los organismos vivos para su estudio.

CAPÍTULO IV. REINO ANIMALIA

A continuación estudiarás un reino viviente que tiene como características ser heterótrofos y por tanto difieren considerablemente de las plantas, a pesar de tener elementos comunes que ya conoces.

Para comenzar deberá definirse ¿**qué es un animal**?

Los animales están constituidos por numerosas células, cuyo patrón celular es eucariota, por lo que son considerados pluricelulares. Además, estas células carecen de pared celular y de plastidios a diferencia de las plantas. La no presencia de clorofila en los animales determina el tipo de nutrición, es por ello que son considerados, con nutrición heterótrofa ingestiva, salvo algunas excepciones como es el caso de algunos gusanos parásitos como la lombriz solitaria que la nutrición es heterótrofa absortiva y que ha surgido como una adaptación a la vida parásita. En los animales la reproducción es típicamente sexual. Esto no quiere decir que no existan individuos con reproducción asexual y que en algunos casos se manifieste la alternancia de generaciones.

Otras características importantes que presentan los animales es que en todos existe un desarrollo embrionario y locomoción que le permiten encontrar recursos ecológicos para poder vivir en armonía con el medio-ambiente. Con estos elementos podrás comprender por qué siendo los animales tan diversos, presentan características en las que se evidencia su unidad, por lo que los animales son:

Organismos pluricelulares, constituidos por células eucariotas, carentes de pared celular y de pigmentos fotosintéticos, con nutrición heterótrofa ingestiva, con reproducción típicamente sexual, desarrollo embrionario y locomoción.

Para poder comprender la caracterización de los diferentes grupos de organismos que se estudian en el reino Animalia, es necesario primero familiarizarse con algunos conceptos que se utilizan en zoología.

La **simetría** es aquella que se refiere a la distribución de las diferentes partes del cuerpo teniendo como referencia un eje.

Así se considera un organismo con **simetría radial** cuando las partes del cuerpo se disponen alrededor de un punto central como las radios de una rueda. Es decir, que pueden ser divididos por diferentes planos resultando mitades iguales. La mayoría de los animales con simetría radial son sedentarios o muy poco móviles lo que les permite recibir estímulos de todas direcciones del ambiente. Ejemplos de animales con simetría radial son los Cnidarios y los Equinodermos en estado adulto.

Por su parte la simetría bilateral es aquella en que el animal puede ser dividido en dos mitades muy parecidas sólo por un plano. Los animales que presentan simetría bilateral son más complejos, poseen movimientos de locomoción más rápido y muestran un mayor grado de cefalización (mayor desarrollo del sistema nervioso y órganos de los sentidos). Ejemplos de animales con simetría bilateral son los Nemátodos, Platelmintos, Anélidos, los Artrópodos, Moluscos y todos los Cordados (el hombre es un animal con simetría bilateral).

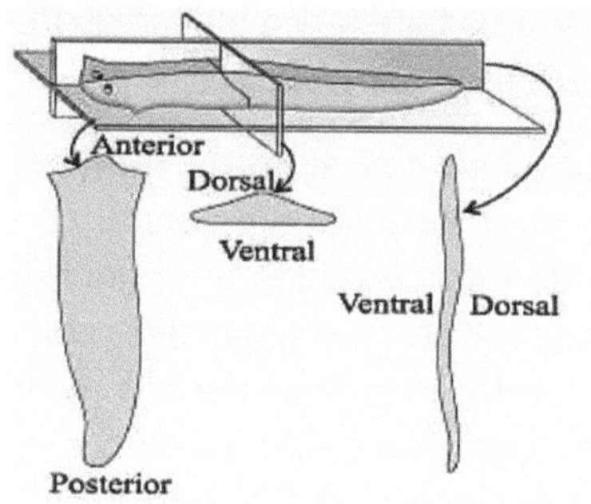

Cuando no existe ningún plano mediante el cual el animal pueda ser dividido en partes iguales se dice que son **asimétricos**, o sea no hay simetría bien delimitada.

Ejemplo de animales que son asimétricos son algunas esponjas.

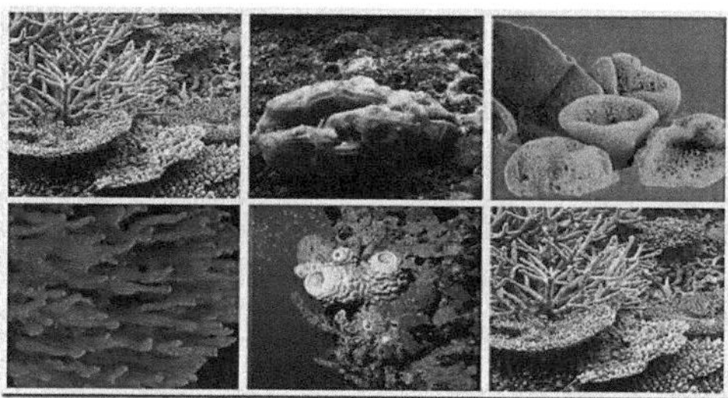

Otro elemento importante al clasificar los animales es **el tipo de cavidad corporal.**

La mayor parte de los animales poseen la estructura de su cuerpo a partir del desarrollo de tres capas embrionarias. La capa externa, denominada **ectodermo,** origina la cubierta externa del cuerpo y el sistema nervioso. La capa interna o **endodermo** reviste al tubo digestivo. La capa media, el **mesodermo** se extiende entre el ectodermo y el endodermo y da origen a la mayor parte de las estructuras corporales, incluyendo músculos, huesos, sistema circulatorio, etc.

Dentro del reino Animal, encontramos grupos que presentan las capas germinativas una a continuación de la otra, es decir, ectodermo, mesodermo y endodermo sin encontrarse una cavidad entre ellas por lo que se le denominan **acelomados** como por ejemplo los platelmintos, duela del hígado, planaria, tenia del perro etc.).

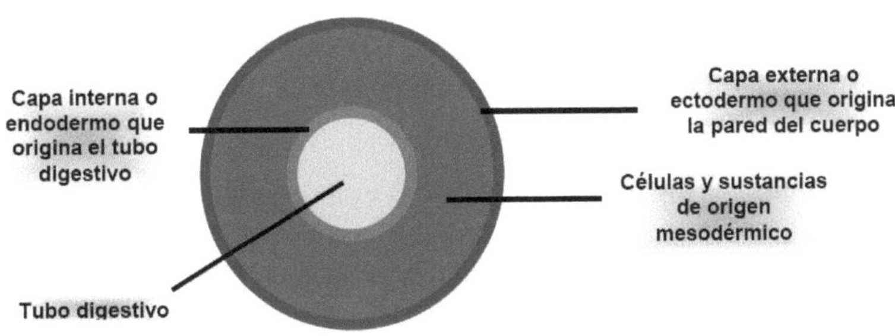

En otros la cavidad se halla entre el mesodermo y el endodermo y son denominados **seudocelomados** como por ejemplo los nemátodos.

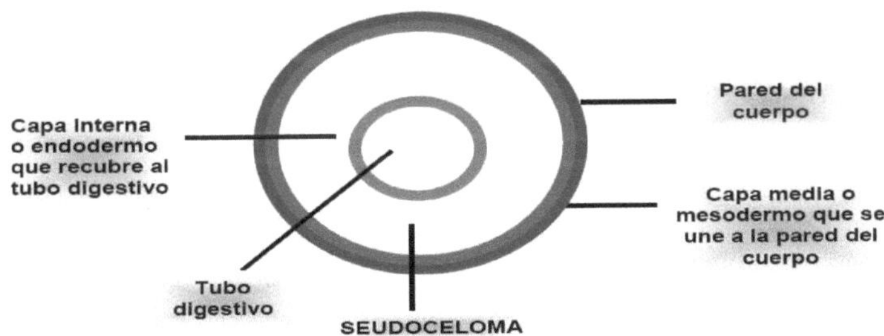

En la mayoría de los grupos taxonómicos la cavidad se encuentra dentro del propio mesodermo y son denominados **celomados** como por ejemplo los anélidos, moluscos, artrópodos, equinodermos y los cordados.

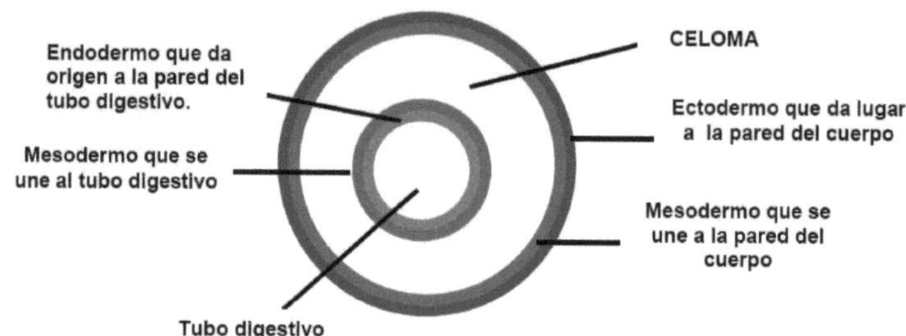

Otra característica importante a tener en cuenta al describir la anatomía de los animales es la de sus **tejidos.**

Los tejidos animales poseen características comunes a los vegetales, por ser grupos de células similares en cuanto a estructura y función, sin embargo en el caso de este reino su estructura y función tienen otras particularidades.

En los animales su cuerpo está formado cuatro grupos **diferentes de tejidos,** son ellos: **epiteliales, conjuntivos, musculares y nervioso.**

Los tejidos epiteliales constituyen la capa superficial de la piel, tapizan por dentro las membranas mucosas y serosas de algunos órganos y forman glándulas. Los tejidos epiteliales pueden estar formados por una sola capa de células denominado epitelio simple o por más de una capa llamado en este caso estratificado por formar estratos de células.

Veamos algunas particularidades de este tejido que te permitirán comprender las características de algunos órganos que estudiarán posteriormente. Los tejidos epiteliales cutáneos, constituyen la capa superficial de la piel, de la membrana que recubre la cavidad bucal y parte de la garganta. Este tejido es del tipo estratificado. Este tejido epitelial cutáneo desempeña la importante función de defensa del organismo ya que lo protege de la acción de diferentes agentes externos como son cambios químicos, térmicos y mecánicos. A través de él también se desprende calor. En el capítulo que sigue a este podrás comprender mejor estos aspectos al estudiar el organismo humano y con él la piel, el sistema respiratorio, digestivo y otros.

También se ha dicho que existe el tejido epitelial glandular, este constituye el tejido fundamental de las glándulas y se especializa en producir o secretar sustancias especiales con diferentes funciones en el organismo.

Otra forma de tejido epitelial es el que forma las membranas serosas, o sea, aquellas que recubren las cavidades del organismo. Por ejemplo peritoneo, pleura, pericardio, etc. (Estos aspectos serán profundizados en el capítulo siguiente).

Los tejidos Conjuntivos como su nombre lo indica su función es unir ya que en los espacios intercelulares de sus tejidos existe una sustancia intercelular bien definida de acuerdo a la función que cada variedad de tejido conjuntivo desempeña en el organismo. En este grupo se incluyen, la sangre y la linfa que circulan por todo el organismo conectando todos los sistemas de órganos; el tejido conjuntivo fibroso laxo que une los vasos sanguíneos constituye capas entre los órganos y se encuentra también por debajo de la capa subcutánea.

El tejido conjuntivo fibroso laxo cumple en el organismo función de sostén, de defensa y trófica. La función de sostén se lleva a cabo por la armazón del órgano, dando solidez y elasticidad. La función de defensa está a cargo de los macrófagos, células que participan activamente en la lucha contra los microbios, causantes de enfermedades introducidas en el organismo. La función trófica se asocia a la participación en el proceso de alimentación de los tejidos de los distintos órganos, dicho de otro modo, a través de la sustancia intercelular de este tejido se trasmiten las sustancias alimenticias que llegan a los diferentes órganos del cuerpo del animal.

En el tejido conjuntivo laxo existe otra variedad muy importante, el tejido adiposo ubicado por debajo de la piel, alrededor de los vasos y de muchos órganos. El tejido adiposo cumple una función trófica, o sea almacena gran cantidad de sustancias con reservas energéticas en forma de grasa que el organismo puede utilizar cuando le es necesario. Por ejemplo algunos osos en el invierno fuerte se esconden hasta la primavera y su metabolismo se reduce al mínimo, en ese caso se sustentan de las reservas de energía que acumulan en el tejido adiposo. De igual modo cualquier organismo utiliza esas reservas en caso de necesitarlas. Cuando esto no ocurre, la existencia de gran cantidad de tejido adiposo provoca la obesidad.

El tejido adiposo también ayuda a proteger a los vasos y otros órganos del efecto de algunos golpes o efectos mecánicos en general.

Por su parte los tejidos conjuntivos de sostén están formados por el tejido conjuntivo fibroso denso, el cartilaginosos y óseo.

El tejido conjuntivo fibroso denso constituye a los tendones, los ligamentos y la base cutánea (piel propiamente dicha). Este tejido en general cumple una función de sostén.

El tejido cartilaginoso posee diversidad de componentes en su sustancia intercelular por lo que de ello depende su función y lo podemos encontrar en la laringe en la unión de las costillas con el esternón y los cartílagos de la mayoría de las articulaciones. Otra forma de tejido forma parte del pabellón de la oreja y de la epiglotis caracterizado por muchas fibras elásticas en su sustancia básica. Finalmente encontramos este tipo de tejido en los cartílagos intervertebrales y en la inserción de los tendones con los huesos.

El tejido óseo, es otra forma de tejido conjuntivo constituido por células óseas llamadas osteocitos y la sustancia intercelular la cual posee sales minerales que le confieren solidez al tejido. Este tejido forma los huesos que conforman el esqueleto interno de los organismos vertebrados en general, excepto los peces cartilaginosos. **Los tejidos musculares** se caracterizan por la propiedad de contraerse y relajarse. En ellos se incluyen el tejido muscular liso y estriado. En el caso del primero se distinguen como características fundamentales la existencia de fibras alargadas con un citoplasma que contiene el núcleo en forma de bastón. En su citoplasma, denominado sarcoplasma se distribuyen unas estructuras especiales, los filamentos contráctiles o miofibrillas.

Este tipo de tejido es característico de las paredes de órganos como el intestino, la vejiga, el útero, el estómago y otros. También forma parte de la estructura de las paredes de los vasos sanguíneos y en la piel.

Por su parte el tejido muscular estriado constituye los músculos del esqueleto, el músculo cardíaco y algunos órganos internos como el paladar blando, la lengua etc.

Su estructura fundamental es la fibra muscular que se caracteriza por poseer en el sarcoplasma gran cantidad de núcleos y una membrana envolvente. También se localizan las miofibrillas, las cuales no son uniformes presentando bandas oscuras y claras que se asocian a la contracción muscular. La existencia de varios núcleos garantiza la eficiencia de la fibra muscular en los procesos de contracción. Las fibras musculares se agrupan en fascículos separados uno de otro por capas de tejido conjuntivo fibroso laxo.

En el caso del tejido muscular estriado del corazón aparecen algunas particularidades que estudiarán en el capítulo siguiente.

El tejido nervioso, es el elemento básico del sistema nervioso, el cual regula los procesos que transcurren en el organismo y asegura la mutua relación con el medio externo dado por las propiedades que le son inherentes a este tejido como son la excitabilidad y la conductibilidad. O sea, los diferentes estímulos que actúan sobre el organismo provocan la excitabilidad, estos son conducidos en forma de impulsos por el tejido nervioso.

La célula nerviosa característica de este tejido es la neurona constituida por un cuerpo del cual salen prolongaciones llamadas axones y sus terminaciones. La transmisión del impulso nervioso de una célula a la otra ocurre a través de un mecanismo denominado sinapsis neuronal. La transmisión del impulso hasta un músculo a través de una placa especializada para esta función se denomina sinapsis neuromuscular.

El Reino Animalia incluye diferentes ramas a partir de sus características particulares. En este capítulo nos dedicaremos a describir las características generales de algunos de los grupos pertenecientes a estas ramas y sus ejemplares representativos por su importancia en la naturaleza, en la salud y en la economía lo cual te preparará para tu desempeño como maestro primario.

Phylum Porifera

El término Porifera proviene de dos palabras del latín **porus**, significa poro y **ferre**, significa llevar, estos animales son llamados vulgarmente esponjas y son fundamentalmente marinos, aunque algunos son dulceacuícolas, sésiles en estado adulto y habitantes generalmente de los sustratos duros; presencia de muchos poros; son asimétricos; carecen de tejidos, órganos y sistemas de órganos; presentan diferentes tipos de células, pero su diferenciación celular no ha seguido el patrón que es común para otros animales. Su cuerpo está organizado alrededor de un sistema de canales de agua, en correlación con la vida sésil de los organismos; la superficie interna del cuerpo tapizadas por células de collar o coanocitos; la parte externa cubierta por células llamadas pinacocitos y atravesada por las células llamadas porocitos, esqueleto de fibras orgánicas de espongina, de espículas silíceas o calcáreas o bien de ambas cosas; la alimentación, el intercambio gaseoso y la eliminación de los desechos, depende del flujo de agua a través del cuerpo; digestión intracelular; reproducción asexual por yemas; también sexual; larvas ciliadas que nadan libremente.

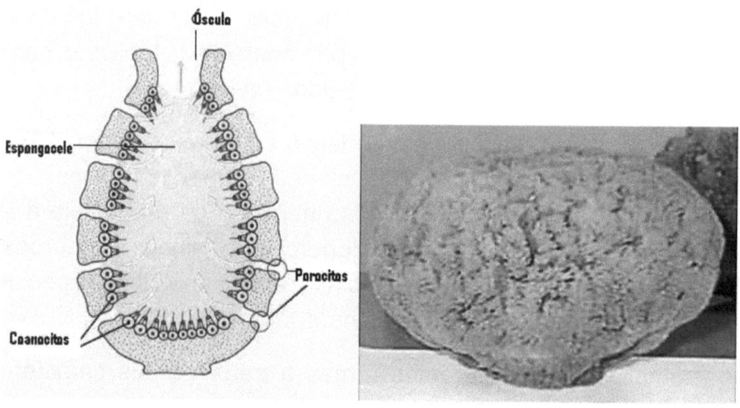

Ejemplar natural de una esponja   **Corte transversal de una esponja**

El cuerpo de las esponjas tiene simetría radial y está compuesto, en su parte externa (**Ectodermo**), por células de tejido conjuntivo planas muy contráctiles, aunque con movimientos ameboides (no se aprecia ningún tipo de musculatura en ningún porífero). La parte interna esta formada por células denominadas **coanocitos** dotadas de un flagelo, tienen una doble función, la alimentaria y la del mantenimiento de la corriente de agua desde el exterior de la esponja hacia su interior. Entre ambas capas se sitúa una sustancia más o menos densa, gelatinosa, (**Mesoglea**) que contiene diversos tipos de células, las móviles (**amebocitos**) que se encargan de comunicar la capa exterior con la interior y de transportar el alimento, otras (**esclerocitos**) son las encargadas de segregar una especie de esqueleto de sostén del blando cuerpo de las esponjas, formado por *espículas* calcáreas o silíceas o por fibras de espongina (una sustancia proteica emparentada químicamente con los pelos y cuernos de los mamíferos); también pueden dar origen a las células germinales.

La esponja adulta es un animal sésil, incapaz de desplazarse, dependiendo para su alimentación de los sistemas de canales, cámaras y células flageladas escasamente organizadas. Dada la ausencia de células nerviosas (lo que indica la baja organización de las esponjas), debe de existir algún tipo de comunicación entre los diferentes tipos de células, posiblemente por difusión química, para que este agregado de diferentes tipos de células funcione como un solo animal. Su ectodermo está perforado por numerosos poros por los que entra constantemente agua nueva provista de oxígeno y partículas alimenticias, a su cavidad interior, es **espongocele** también llamado atrio, una vez usada, es expulsada al exterior por el *ósculo*. La corriente de agua está producida por el movimiento sincronizado de los flagelos de los coanocitos que revisten el atrio.

La clasificación de las esponjas está basada en los materiales esqueléticos, que proporcionan el sostén a la esponja, es decir las espículas. Existen tres clases de poríferos (esponjas):

1. **Esponjas calcáreas**. Abarcan especies litorales, cuyas espículas son exclusivamente calcáreas.
2. **Esponjas silíceas**. Comprende esponjas de aguas profundas, cuyas espículas silíceas, separadas o unidas entre si, forman redes esqueléticas de gran elegancia.
3. **Esponjas córneas**. Comprende esponjas cuyo esqueleto tiene forma variable, y sus espículas son silíceas, o están compuestas de espongina (sustancia proteínica elástica córnea). A veces las espículas están también formadas por ambos componentes a la vez (sílice y espongina).

La reproducción de las esponjas es muy variable. Casi todas se reproducen sexualmente, si bien todos los individuos pueden producir indistintamente óvulos y espermatozoides, al ocurrir separadamente nunca se da una autofecundación, sino que podemos referirnos a una fecundación cruzada. También se reproducen de forma asexual, por medio de los cuerpos reproductores llamados *gémulas*, que o bien se escinden, convirtiéndose en animal independiente, o quedan unidas a la esponja madre, formando así colonias de esponjas.

Una característica importante de las esponjas es su capacidad de regeneración. Pueden sufrir daños y recuperar las partes de su cuerpo que fueron afectadas o perdidas.

Las características morfológicas de las esponjas han permitido que el hombre las utilice con fines económicos. Su esqueleto silíceo o calcáreo y la espongina presente en ellas ofrece múltiples usos por lo que existen industrias especializadas en su tratamiento y posteriormente comercializadas con usos disímiles por ejemplo en aditamentos de cosméticos, como soportes de embalajes, en tapices de muebles, etc.

El cuidado de los fondos marinos y de los criaderos de esponjas es imprescindible para la conservación de estas especies y para su posterior utilización.

Phylum Coelenterata o Cnidaria

Los animales del phylum Cnidaria (gr. **Knidé,** ortiga) se caracterizan porque en ellos la cavidad de su cuerpo representa el tubo digestivo; es a la vez, cavidad digestiva y cavidad general, a lo que alude el nombre **celenterados**. Coelenterata (*gr. **koilos,*** hueco, *y **enteron**,* intestino), como también se les conoce. Esta cavidad digestiva, en ellos denominada cavidad gastrovascular, comunica con el exterior por una sola abertura que sirve de boca y ano, y que está rodeada de tentáculos, provistos de células urticantes o nematoblastos, que utilizan como mecanismo de defensa.

El cuerpo de los celenterados presenta un nivel de organización en tejidos, aunque estos, en general, no constituyen órganos, si exceptuamos algunas estructuras sensoriales presentes en algunas especies. En estos animales se observan dos capas de células: la **epidermis** y la **gastrodermis**, y entre ellas hay una capa desprovista de tejidos, aunque pueden existir células que han emigrado de la epidermis o de la gastrodermis; esta capa se nombra mesoglea (gr. *mesos,* medio, y *gloia,* gelatina), que no corresponde con el mesodermo, por lo cual los celenterados son diploblásticos

La mesoglea puede tener diferente espesor y consistencia; en ocasiones contiene células ameboideas, en cuyo caso se le nombra cenénquima.

En las aguas malas (medusas) constituyen la gruesa masa que compone la parte más voluminosa de su cuerpo.

La simetría en estos animales es radial (tetrámera o polímera) o birradial.

La simetría radial es en ellos una simetría primaria, pero en los grupos de mayor complejidad esta simetría se hace birradial, por presentar la boca y el extremo aboral en dos puntos opuestos de un eje principal, alrededor del cual se disponen concéntricamente las diversas partes del cuerpo.

Todos los celenterados son acuáticos y en su mayoría marinos; solo **Hydra** y otros representantes son dulceacuícolas.

Se conocen unas 10 000 especies, que habitan por lo general las regiones costeras, especialmente en los mares tropicales, aunque hay especies en todos los mares, incluyendo el océano glacial. La mayor parte de las especies (6 000) son bentósicas y muchas son pelágicas. Las especies bentónicas abundan en las costas rocosas de las aguas tropicales.

Tipos de celenterados según su organización estructural.

Hay dos tipos fundamentales de celenterados: los que tienen forma cilíndrica, llamados **pólipos**, que son sésiles, y los que tienen forma de sombrilla, las **medusas**, que pueden nadar libremente, se presentan , unos y otros, como individuos solitarios o coloniales.

El pólipo es fijo y tiene forma de saco con la abertura hacia arriba. Ciertos pólipos son capaces de fabricar un esqueleto interno calcáreo que perdura tras su muerte y que contribuye a formar los arrecifes de coral. Muchas especies forman colonias de pólipos, frecuentemente polimorfas.

Pólipos de coral

La medusa es de vida libre y posee capacidad de movimiento en el seno del agua. Tiene forma de sombrilla, denominada umbrela, (del latín umbrella que significa paraguas) de cuyo reborde cuelgan una serie de tentáculos. La boca está en la cara inferior, en el centro de otro grupo de tentáculos llamado manubrio. Las medusas disponen de órganos de equilibrio y también de órganos especializados para captar la luz. Entre sus especies se encuentran el coral, la hidra, las medusas y la anémona marina.

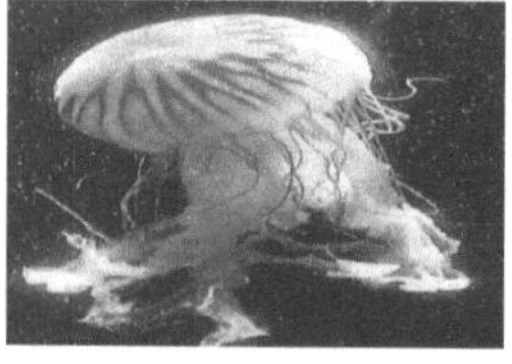

Medusas

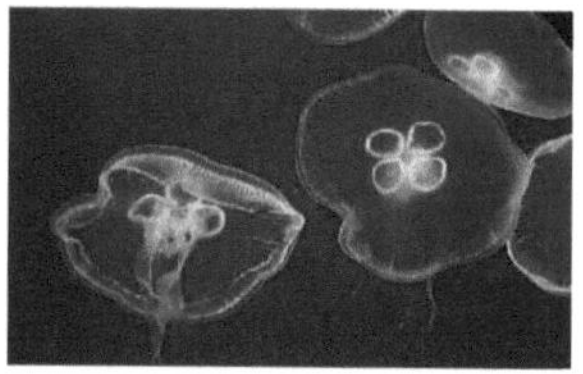

Tanto los pólipos como las medusas poseen, especialmente en los tentáculos, células especializadas llamadas cnidoblastos que contienen una vesícula (cnidocisto) llena de líquido tóxico y que inyectan a sus presas por medio de un filamento, o cnidocilio, que se proyecta al exterior cuando es estimulado; según se trate de un cnidoblasto penetrante, envolvente o aglutinante, el filamento inocula líquido urticante en el animal que ha rozado el cnidocilio o se enrolla alrededor de él. El escozor que produce esta sustancia es percibida en la piel cuando los bañistas son atacados por medusas o agua mala en la playa.

Observa en la figura la estructura de los cnidoblastos.

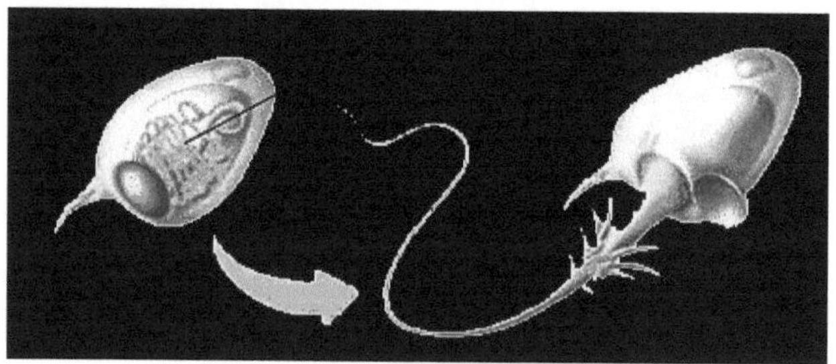

La reproducción de los celenterados ocurre por alternancia de generaciones. Si observas la figura que sigue podrás apreciar que en ella se manifiestan dos fases.

En esta colonia de pólipos, la generación asexual consiste en dos tipos de pólipos: los especializados en la alimentación y los de la reproducción. De los pólipos reproductivos se desprenden medusas masculinas y femeninas que producen espermatozoides y óvulos. Al ocurrir la fecundación por la unión de ambos gametos se forma un huevo que posteriormente se transforma en una larva llamada **plánula** que nada y se fija a un sustrato, se desarrolla y origina una nueva generación de pólipos por reproducción asexual.

Por existir dos fases reproductivas, sexual y asexual se le conoce como alternancia de generaciones que como te podrás dar cuenta no es igual a la ya estudiada en plantas.

Observa la ilustración siguiente para que puedas comprender las etapas de esta alternancia.

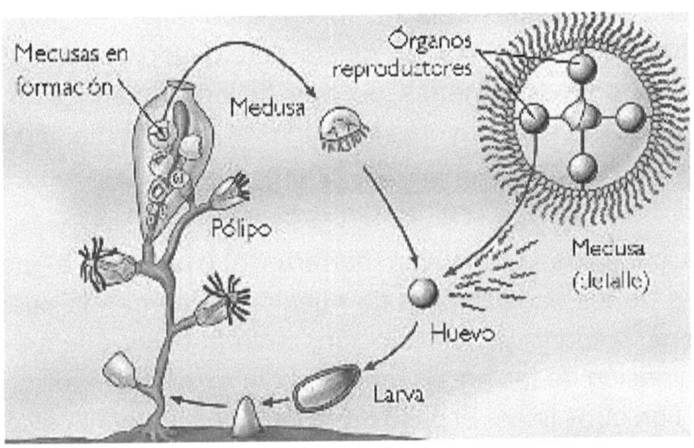

Como se puede apreciar los ejemplares pertenecientes a los celenterados son diversos en cuanto a formas y modos de vida, pero en ellos existe una característica importante y es que unos viven solitarios y algunos pueden formar colonias. Una colonia se inicia con un solo individuo que se produce de manera asexual por gemación, pero en vez de separarse del progenitor, la yema permanece unida a él y a su vez forma más yemas. En la misma colonia pueden generarse varios tipos de individuos, algunos especializados en la alimentación, otros en la reproducción y otros en la defensa.

Los ejemplares estudiados en este Phylum son de gran importancia. Dentro de ellos no se pueden dejar de mencionar a los corales ya que aunque algunos pueden capturar presas, muchas especies tropicales dependen para su nutrición sobre todo de dinoflagelados fotosintéticos que viven dentro de sus células.

En aguas marinas cálidas, casi cada metro cuadrado del fondo está cubierto de corales, de colores brillantes formando arrecifes.

En el Pacífico del sur los arrecifes que se encuentran son restos de miles de millones de esqueletos calcáreos microscópicos secretados en tiempos pasados por colonias de corales. Solo en la superficie de tales arrecifes se encuentran colonias vivas, las cuales aportan su propio esqueleto a la roca calcárea en formación.

En Cuba es característico encontrar arrecifes coralinos que proporcionan gran importancia en la plataforma donde se desarrollan importantes especies marinas. Los vistosos colores y diversidad de especies, determinado por la ubicación geográfica del archipiélago cubano, las características de las aguas y de su plataforma insular constituyen un importante renglón económico desde el punto de vista turístico. Los turistas interesados en este tema visitan zonas de buceo predeterminadas por los biólogos marinos lo cual hace posible que cada vez sean mayores los curiosos por el tema, incrementando el ingreso de importantes sumas de dinero al visitar a Cuba, lo cual es utilizado en el desarrollo general del país.

Los arrecifes coralinos constituyen barreras que ayudan a mantener las características de los ecosistemas de nuestra plataforma lo cual implica la necesidad de su cuidado y conservación, tanto al evitar que sean dañados por la contaminación de las aguas, como por la extracción indiscriminada de sus especies con otros fines. El paso de fenómenos meteorológicos como los ciclones tropicales ha ocasionado desastres en estas zonas, lo cual ha conllevado al tratamiento de esas zonas por especialistas y la espera por su estabilización y reproducción de sus especies.

Phylum Platyhelminthes.

El nombre **Platyhelminthes** proviene de la palabra griega **platy**, que significa plano, y **helminthes**, gusanos, por lo cual todos los animales que se estudian dentro de este phylum son gusanos planos, con simetría bilateral, son acelomados, triploblásticos ya que presentan las tres capas germinativas, es decir, ectodermo, mesodermo y endodermo Actualmente se conocen numerosas especies de platelmintos.

De estas las que tienen vida libre y el cuerpo blando, como por ejemplo, las **planarias** se agrupan en la clase **Turbellaria**; otras como la duela del hígado, parásito del hombre y los animales domésticos, se estudian dentro de la clase **Trematoda**; y, por último, la clase **Cestoda** comprende también platelmintos parásitos, en este caso de cuerpo alargado y segmentado como las tenias.

El Phylum Platyhelminthes comprende un importante grupo de animales, de vida libre o parásitos que habitan tanto en el medio marino como de aguas dulces o como parásitos de vertebrados o invertebrados. En Cuba, a excepción de las formas parásitas de vertebrados terrestres, se conocen relativamente poco los otros tipos y merecen aún estudiarse más.

Los platelmintos parásitos cubanos pertenecen a las Clases *Cestoda* y *Trematoda,* ellas habitan en todos los vertebrados terrestres, ocasionando grandes daños sobre todo en los animales domésticos y mucho menos en los animales silvestres de la fauna nacional, siendo los murciélagos y las aves, los mayores hospederos de estos parásitos.

En general, las especies de platelmintos son de pequeño tamaño y varían desde dimensiones microscópicas hasta unos 6 a 7 cm., aunque algunas tenias llegan a alcanzar varios metros de largo. Los platelmintos parásitos de los animales domésticos y del hombre son numerosos.

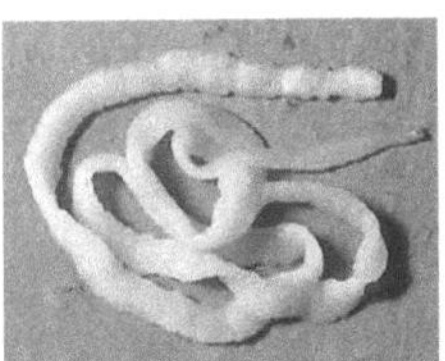

Tenia

Muchas especies de platelmintos son cosmopolitas, es decir, se encuentran ampliamente distribuidas en el planeta; otras son propias de cada país; y hay muchas que aún no se conocen y se espera que el incremento del desarrollo científico en todos los países del mundo permita su estudio y conocimiento.

Las características más importantes de este Phylum son:

- Posen simetría bilateral con extremos anteriores y posteriores bien definidos lo cual es ventajoso ya que al poseer bien definido el extremo anterior, su locomoción se dirige en ese sentido. En ella se disponen además órganos sensoriales en la parte del cuerpo que se expone al ambiente. Es por tanto evidente la existencia de una cabeza rudimentaria, lo cual representa el comienzo de una cefalización.
- Poseen bien definidas sus tres capas germinativas. Además de una epidermis, externa y una endodermis, interna, los platelmintos tienen una capa intermedia de tejido que se desarrolla del mesodermo.
- Son los organismos más sencillos en los que aparecen órganos bien desarrollados constituidos por dos o más tipos de tejidos. Entre sus órganos se pueden citar, una faringe muscular para la ingestión del alimento, manchas oculares y otros órganos sensoriales en la cabeza, un cerebro sencillo, y órganos reproductivos complejos.
- Un sistema nervioso sencillo consistente en un cerebro con dos masas de tejido nervioso llamadas ganglios conectados a dos cordones nerviosos que se extienden a todo lo largo del cuerpo.
- Estructuras excretoras llamadas protonefridios, que terminan en células colectoras llamadas células flamígeras.
- Una cavidad gastrovascular en la mayor parte de las especies con una sola abertura, la boca, localizada generalmente en la mitad de la superficie ventral.
- Su tamaño varía hasta alcanzar varios metros como por ejemplo las tenias que pueden tener tallas hasta de 15 metros de longitud.

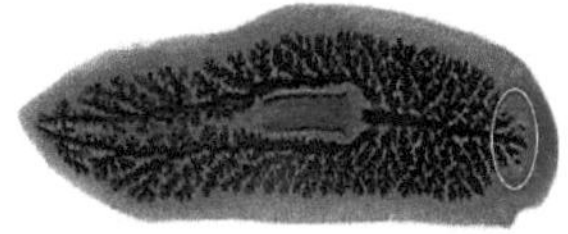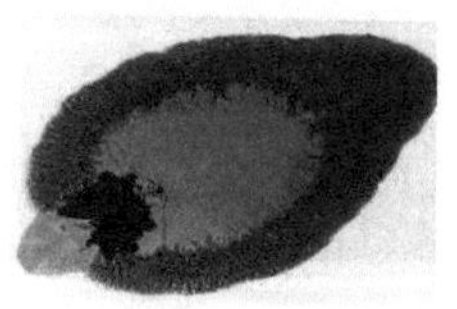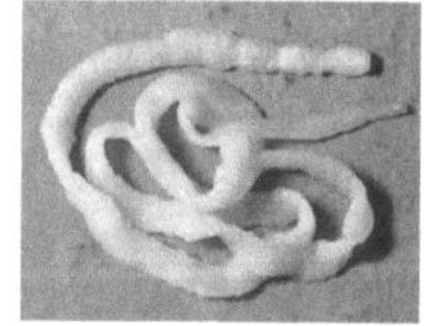

Los platelmintos parásitos representados por las tenias y las duelas, están bastante adaptados a su modo de vida. Tienen ventosas o ganchos para sujetarse dentro del huésped. Su cuerpo es resistente a las enzimas digestivas secretadas por sus huéspedes. Muchos tienen ciclos vitales complicados que les permiten cambiar de huéspedes. Para asegurar aún más la supervivencia de la especie, estos gusanos producen grandes cantidades de huevecillos.

En los platelmintos existen tres clases fundamentales: La **clase Turbellaria** en la que su ejemplar representativo es la **planaria**. Organismos de vida libre, principalmente marinos y algunos terrestres que viven en el lodo. El cuerpo cubierto por una epidermis ciliada, con forma de nutrición carnívora que depredan invertebrados diminutos u organismos muertos. La **clase Trematoda** representada por las **duelas** son parásitas con una amplia gama de huéspedes vertebrados e invertebrados que pueden requerir de huéspedes intermediarios como los caracoles acuáticos y poseen ventosas para su fijación. La **clase Cestoda** con su cuerpo formado por fragmentos (proglotis) donde las **tenias** son sus ejemplares representativos caracterizadas por ser parásitos de vertebrados, con ciclo vital complejo con uno o dos huéspedes intermediarios; tienen ventosas y algunos ganchos en la cabeza (escólex) para la fijación al huésped, los huevecillos se producen dentro de los proglotis los cuales son liberados, no poseen sistema digestivo.

Estos organismos parásitos tienen su ciclo de vida de manera que sus huevos quedan expuestos al medio y por tanto las verduras y demás vegetales donde existan caracoles acuáticos pueden estar contaminadas con duelas que producen serias complicaciones hepáticas. Por su parte las tenias en una parte de su ciclo de vida, se desarrolla en la musculatura de los bovinos por lo que al ingerir sus carnes contaminadas podemos infectarnos fácilmente. Por esta razón es necesaria la higiene y cocción de los alimentos con el rigor que requieren.

Esto implica además aplicar las medidas de control en los cultivos y crías de ganado para evitar la proliferación de enfermedades causadas por estos platelmintos.

Phylum Nematoda.

El nombre Nematoda proviene de la palabra griega **nema**, que significa hilo, denominados por algunos autores nematelmintos, constituyen el phylum más numeroso e importante de asquelmintos; entre sus 10 000 especies descritas algunas representan los metazoos más abundantes y de mayor distribución geográfica; basta señalar que en una superficie de un metro cuadrado del fondo lodoso de las costas de Holanda se contaron más de 4 000 000 de ejemplares, y se ha calculado que en la capa superficial de la arena de algunas playas pueden haber centenares de millones, además , muchas especies son parásitas y atacan todos los grupos de plantas y animales, incluyendo al hombre , las plantas de cultivo y los animales domésticos, por lo cual tienen gran interés económico.

Los nemátodos se distinguen esencialmente por tener el cuerpo cilíndrico, no segmentado, recubierto por una gruesa cutícula, sin ventosas, con un número constante de células somáticas, el sistema muscular constituido solo por fibras longitudinales; presencia de **seudoceloma**; en ellos falta el parénquima que existe en los platelmintos y los nemertinos; el tubo digestivo está provisto de boca y ano independientes y situados en los extremos opuestos del cuerpo; el sistema excretor no tiene células flamígeras; los sexos son separados generalmente y sus espermatozoides desprovistos de flagelos.

Los nemátodos viven en ambientes muy variados, muchos son de vida libre y se hallan en el mar, en agua dulce y en la tierra; desde las regiones polares a los trópicos, lo mismo en los desiertos que en las altas montañas. Las especies marinas son por lo general bentósicas y se hallan en los sedimentos acuáticos, fijas al sustrato, en especial en los fondos ricos en materia orgánica, y se encuentran tanto en las regiones costeras como en las grandes profundidades del océano.

Las especies de agua dulce se localizan en el fondo de los lagos y ríos, en los charcos y hasta en las fuentes termales, donde la temperatura del agua puede alcanzar más de 50^0C.

Las especies terrestres habitan esencialmente los sitios húmedos y pueden formar enormes poblaciones entre partículas de tierra superficiales, especialmente en aquellas que rodean las raíces de las plantas.

Algunas especies habitan distintas partes de los vegetales, tales como la raíz, las axilas de las hojas, los frutos o las semillas. Las especies parásitas muestran todos los grados de parasitismo y viven en el interior de los tejidos o de las cavidades orgánicas, tanto de los vegetales como de los animales. Los parásitos del hombre, por ejemplo se hallan en el intestino (*lombriz intestinal* tricocéfalos, etc.); en los músculos (*larvas de **Trichinella***), en el tejido celular subcutáneo (Filaria de Medina), en los vasos linfáticos o sanguíneos (***Wuchereria)*** etc.

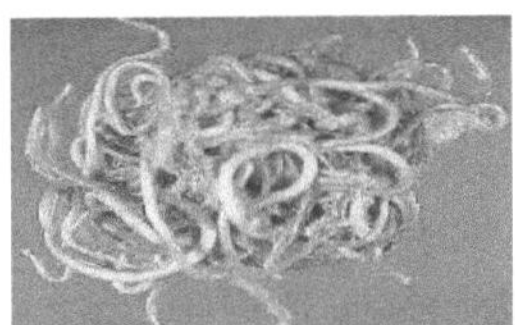

Lombriz intestinal

Los oxiuros son los gusanos más comunes en niños que se alojan en el intestino grueso. Las hembras de estos parásitos generalmente migran al ano en las noches para depositar sus jebecillos. La irritación que causa la presencia de estos nemátodos en el ano hace que las personas se rasquen y esto dispersa los jebecillos. En las uñas o en el ambiente diseminados pueden ser llevados a la boca al ingerir alimentos o cualquier otra manipulación. De este modo quedamos infectados. Durante una fuerte infestación aparecen malestares, irritación y lesiones en la pared intestinal.

Por esta razón es importante tomar una serie de medidas para evitar ser parasitados por estos animales como;

- Lavarse las manos antes de ingerir los alimentos.
- Lavar bien los alimentos antes de ingerirlos.
- No caminar descalzo.
- No usar ropa interior de otras personas.
- Hervir la ropa lisa.
- Defecar en letrinas.
- Hervir o clorar el agua para beberla.
- Cocer bien los alimentos, etc.

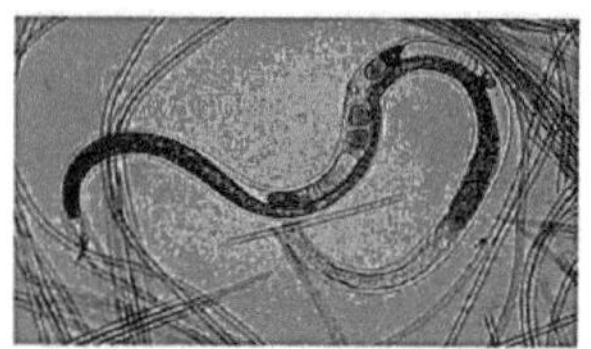

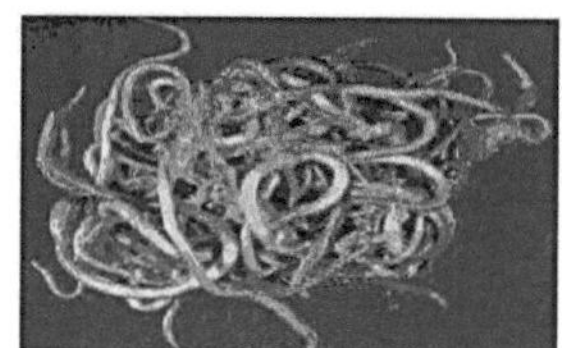

Las fotos muestran un nematelminto de vida libre entre las yerbas acuáticas y un grupo de ellos parásitos del intestino del hombre.

Phylum Mollusca.

Los moluscos (latín **mollis,** blando), constituyen un grupo de animales con simetría bilateral, con la presencia normalmente de una **cabeza** (excepto algunas formas como los pelecípodos y escafópodos), un **pie musculoso ventral** que puede sufrir diversas modificaciones, para reptar, minar o nadar, siendo su función fundamentalmente la locomoción y una **masa visceral** que puede estar arrollada en los gastrópodos y algunos cefalópodos y que está cubierta por el **manto**, el cual es el encargado de secretar la concha, que puede ser una, dos u ocho placas imbricadas como los quitones (en algunos la concha está reducida, en otros es interna como la del calamar o puede estar ausente).

Zacrisia

La superficie corporal suele estar recubierta por un epitelio monoestratificado ciliado que contiene numerosas glándulas mucosas y terminaciones nerviosas sensoriales. El celoma está reducido a las cavidades donde se encuentran los nefridios, gónadas y pericardio. En ellos se observan todos los tipos de hábitos alimenticios; como por ejemplo: herbívoros, carnívoros, consumidores de partículas en suspensión (filtradores) y de materia orgánica en depósito (detritóvoros) y parásitos (ectoparásitos y endoparásitos).

El sistema digestivo es completo, a menudo adquiere forma de **U**, o puede estar enrollado en espiral como en el caso de los gastrópodos, suele existir una rádula; una tira de dientes siempre dispuestos en hileras, de constitución quitinosa y recurvados que varían en número desde 16 hasta millares, situados sobre una base de cartílago y que funciona no solamente como órgano raspador, sino también como cepillo, rallador, cortador, transportador etc., que ayuda a la alimentación, aunque se ha modificado en forma secundaria para adaptarse a otros tipos de nutrición en diversos moluscos, el ano se abre en la cavidad del manto, el **hepatopáncreas** constituye una glándula anexa al sistema digestivo y a menudo existen glándulas salivales.

El sistema vascular sanguíneo es abierto (excepto cefalópodos) y la sangre escurre de las branquias hacia uno o más pares de aurículas. De cada una de estas, pasa al ventrículo central, que la bombea a través de la aorta para distribuirla entre los senos, la sangre generalmente es incolora, el corazón está rodeado por una cavidad celómica o cavidad pericárdica, (los escafópodos carecen de corazón).

 Los órganos excretores son **metanefridios** (uno, un par o dos pares) que drenan en la cavidad pericárdica o no y se vacían hacia la cavidad del manto. La ventilación se verifica fundamentalmente por una o varias branquias (ctenidios), por un **"pulmón"**, que se origina porque los bordes de la cavidad del manto se han unido al dorso del animal, salvo por una pequeña abertura en el lado derecho llamada **neumostoma**, las branquias desaparecen y el techo de la cavidad del manto se ha hecho sumamente vascularizada. La ventilación es facilitada porque el techo de la cavidad del manto adquiere forma de bóveda y hay un aplanamiento del piso de dicha cavidad (en realidad el dorso del animal). El neumostoma permanece abierto todo el tiempo por regla general o se abre y se cierra con el ciclo ventilatorio, los moluscos también pueden ventilarse a través del manto.

Poseen un sistema nervioso típico con pares de ganglios **cerebrales**, **pleurales**, **pediales** y **viscerales**, unidos por conectivos y nervios longitudinales y transversales. Poseen órganos de los sentidos del tacto, gusto, olfato, visión (manchas oculares) u ojos complejos en cámara como el de los cefalópodos y estatocistos para el equilibrio.

Los sexos a menudo están separados, algunos son hermafroditas, presentan una o dos gónadas con conductos, la fecundación puede ser externa o interna, en su mayor parte ovíparos.

En este Phylum existen varias clases, de ellas las más conocidas son:

Clase Gasteropoda o Gastropoda, constituyen la más numerosa de los moluscos. Pueden ser **terrestres** o **acuáticos**, la mayoría **marinos** y de **agua dulce**.

Suelen ser **hermafroditas**, con **fecundación cruzada** y en su mayor parte con **desarrollo indirecto mediante una larva**. Casi todos son **herbívoros**, pero hay **depredadores** y hasta **parásitos.**

El **cuerpo de los gasterópodos** puede tener concha externa, como los **caracoles;** interna, como las **babosas,** o carecer de ella. La **concha** suele ser **cónica,** con **opérculo,** placa de cierre, y enrollada en espiral; en ella se aloja la **masa visceral** y la **cavidad paleal,** que en los terrestres funciona como **pulmón.** La cabeza suele presentar dos **pares de tentáculos,** uno **táctil** y otro con los **ojos,** y una boca con **rádula,** su órgano triturador, seguida del aparato **digestivo** y del **ano.**

Algunos gasterópodos son hermafroditas, tienen ambos sexos, pero no pueden autofecundarse, necesitan la participación de otro individuo para reproducirse, es una reproducción sexual. Los dos individuos ponen huevos.

En Cuba se desarrollan las polimitas, especies de caracoles terrestres muy vistosos por ser multicolores que son protegidos ante el asedio de los colectores. Son muy preciados a la vistas de los turistas que visitan la región oriental de donde son endémicos.

Clase Bivalva o Pelecypoda

También llamados **Lamelibranquios** (con branquias laminares) y **Pelecípodos** (con pie en forma de hacha), presentan una concha externa formada por dos **valvas** articuladas que cubren el cuerpo totalmente. Cabeza no diferenciada. El **pie** es **musculoso** y con él, aunque son sedentarios, realizan pequeños desplazamientos. El **manto** está formado por **dos lóbulos** que **segregan las valvas** y **encierran la cavidad paleal**, donde están las **branquias laminares**, el **corazón** y dos **riñones**; muchos presentan **sifones** para regular el flujo de agua. Se alimentan filtrando microorganismos que arrastran hacia la boca por corrientes de agua.

La mayoría son **unisexuales**, con **desarrollo larvario**. La **fecundación es externa o sobre la cavidad paleal de la hembra**. La mayoría son **marinos** y unos pocos **dulceacuícolas**; viven **fijos al sustrato**, como los **mejillones**; **enterrados en arena**, como las **almejas**, o en **el interior de galerías** que excavan en la roca o en la madera, como las **bromas**. (Molusco lamelibranquio marino de aspecto vermiforme, con sifones desmesuradamente largos y concha muy pequeña, que deja descubierta la mayor parte del cuerpo. Las valvas de la concha, funcionando como mandíbulas, perforan las maderas sumergidas, practican en ellas galerías que el propio animal reviste de una materia calcárea segregada por el manto, y causan así graves daños en las construcciones navales.) Del mismo modo, en Cuba se desarrollan actualmente los mejillones verdes (Perna viridis) de origen asiático y que fue introducido aparentemente a través de los cascos de los buques o aguas de sentina a partir del tráfico marítimo producto del acelerado desarrollo petroquímico de la Bahía de Cienfuegos (Introducción no intencional). En el año 2008, el mejillón verde obstruyó los canales de enfriamiento de la Termoeléctrica de Cienfuegos, lo cual obligó a detenerla por varios días para poder extraer estos organismos. En una ocasión, se extrajeron 30 camiones en un día. En estos casos se les considera una especie exótica invasora.

Ostra

Clase Cephalopoda

Su nombre deriva del griego *képhalos,* «cabeza», y **podos**, «pies». Son **unisexuales,** con fecundación **interna** y **desarrollo directo**; todos **marinos y de vida libre. Carnívoros,** con **ojos muy desarrollados.** Están divididos en dos grupos: **octópodos,** con **ocho tentáculos,** como los pulpos, y **decápodos,** con **diez tentáculos,** como los **calamares.** La mayoría de los vivientes (excepto los nautilos) **no tienen concha externa,** pero, salvo los pulpos, **poseen una pieza interna de cartílago que protege los ganglios cefálicos** que recuerda el **cráneo** de los **vertebrados.** Cuerpo **musculoso,** sobre todo los **brazos o tentáculos,** que **son el pie transformado** y están provistos de **ventosas** muy potentes. Tienen boca con **rádula de varios dientes,** estómago **triturador** y **tubo digestivo** acabado en un **recto**; a su lado llegan los conductos de la **bolsa de tinta,** líquido que expulsado en el agua por el **sifón** forma una nube negra que oculta al animal y que **utilizan de protección.** El **sifón** también le sirve como **órgano propulsor** cuando expulsa agua con fuerza.

Pulpo

En sentido general los Moluscos constituyen la base fundamental de la alimentación y de la artesanía de varios grupos culturales de diferentes épocas y lugares. Las conchas nacaradas de las madreperlas y de otras especies son utilizadas para confeccionar objetos de artesanías industriales, muy apreciadas y de gran valor. Además se consideran de gran importancia por la participación que tienen en la dieta humana.

Babosa

Colmillito de elefante

Quitones o cucarachas de mar

Phylum Annelida.

Anélidos proviene del latín **annellus,** que significa anillo, estos animales constituyen uno de los tipos importantes dentro de los no cordados, se han descrito aproximadamente más de 15 000 especies. Presentan **simetría bilateral**, es decir, su cuerpo se puede **dividir en dos partes** simétricas, con las regiones **cefálica** (anterior) y **caudal** (posterior), más o menos diferenciadas. Tienen el cuerpo **alargado, cilíndrico y cubierto de una cutícula flexible que crece con el cuerpo**. Está dividido en **anillos externos**, que **pueden ser o no iguales**, y en **segmentos internos o metámeros**, separados por medio de **tabiques** y **siempre con la misma estructura: su propia cavidad corporal llena de líquido que le sirve de**

esqueleto, hidroesqueleto, y sus propios **órganos locomotores, respiratorios y excretores (Nefridios)** para eliminar sustancias de desecho. Los **metámeros** están **unidos por** tres aparatos comunes:

1. **Digestivo**. Poseen un tubo digestivo completo con boca y ano.
2. **Circulatorio**. Formado por vasos sanguíneos, uno **dorsal** y otro **ventral**, unidos por **vasos laterales en cada segmento.**
3. **Nervioso**. Un **cordón nervioso doble recorre el cuerpo**, con dos **ganglios nerviosos** en cada **metámero**, unidos en forma de escalera de cuerda; en la **región cefálica, dos ganglios cerebrales** se unen a los cordones.

Lombriz de tierra

Estos animales tienen el cuerpo compuesto por numerosos segmentos, anillos, **metámeros** o **somitas**, su metamerización se manifiesta generalmente tanto en la morfología externa como interna, o sea, en los músculos, nervios, órganos reproductores, sistema vascular sanguíneo y excretor. Es bueno señalar que la parte segmentada en los anélidos queda fundamentalmente circunscrita al trono y que la cabeza representada por el prostomio y el **pigidio** o porción terminal donde se aloja el ano, no constituyen segmentos. En estos vermes cada anillo o segmento, lleva una serie de cortas setas o **quetas** quitinosas pares, las cuales tienen como función incrementar la tracción al sustrato por parte del animal cuando se arrastra.

Dentro del grupo las lombrices de tierra con su cuerpo largo, cilíndrico y anillado son las más familiares (Clase oligoquetos). La mayor parte de las lombrices habitan en el suelo húmedo, aunque pueden vivir también en las aguas dulces y en algunas ocasiones se les encuentran en el litoral marino, ciertas especies son parásitas.

Son hermafroditas. Durante la cópula. Se aparean en sentido contrario oprimen entre sí sus superficies ventrales y quedan adheridas por una sustancia secretada por el clitelo, anillo engrosado en la epidermis. Intercambian espermatozoides los cuales son llevados en sentido posterior al cóitelo y se almacenan en los receptáculos seminales de la otra lombriz. Después se separan y unos días más tarde el cóitelo secreta un capullo membranoso que contiene un líquido espeso. Cuando el capullo se desliza por la cabeza de la lombriz, en él se depositan óvulos que salen por los poros femeninos y se le depositan espermatozoides. Una vez que el capullo se ha liberado, sus aberturas de cierran de modo que se forma una cápsula dentro de la cual los óvulos fecundados se transforman en diminutas lombrices. Este complejo patrón reproductivo es una adaptación a la vida terrestre.

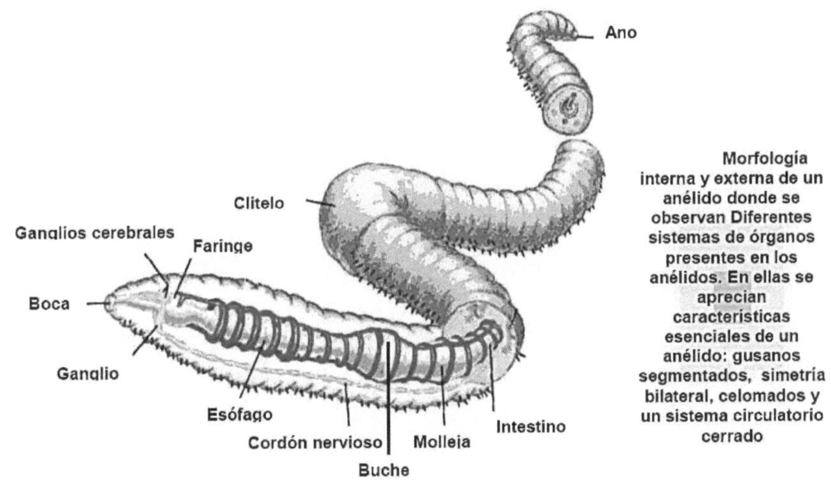

Los poliquetos (Clase poliquetos), comprenden primariamente gusanos marinos o de estuarios, más un pequeño número de especies que habitan las aguas dulces y litorales y otras especies zapadoras habitan el suelo del supralitoral, los poliquetos como lo indica su nombre, tienen varias quetas por somita, partiendo de cada saco quetal, la especie mas conocida sin lugar a dudas es la lombriz de fuego.

Las sanguijuelas (Clase hirudineos) son en su mayoría dulceacuícolas, se les observa en pantanos, lagunas y lentas corrientes de agua de muchas partes del mundo.

Los arquianélidos (Clase arquianélidos), son todos marinos y constituyen un conjunto de pequeños y activos anélidos simplificados.

El tamaño de los anélidos es variable, algunos oligoquetos pueden medir menos de un milímetro de longitud sin embargo, algunas lombrices de tierra gigantes como **Rhinodrilus fafneri** del Ecuador y **Megascolides australis** de Australia, alcanzan más de 2 metros de longitud y 2,5 centímetros de ancho.

Como se había expresado anteriormente, la característica más acentuada de los anélidos lo es sin duda la división del cuerpo en series de anillos o segmentos, indicados exteriormente por medio de constricciones de la pared del cuerpo, entre los segmentos.

La lombriz de tierra tiene importancia en la naturaleza ya que participan en la formación del humus vegetal, es por ello que hoy se practica la cría artificial de lombrices con el fin de utilizarlas en el mejoramiento de las tierras cultivables.

Phylum Annelida.

Arthropoda deriva del griego **arthros**, que significa articulación y **podos**, pies, comprende el grupo más amplio en especies dentro del mundo viviente. Más de las tres cuartas partes de todas las formas conocidas del mundo animal se incluyen dentro de este grupo. Hasta el momento han sido descritas más de un millón de especies dentro de este grupo.

Los artrópodos se han adaptado a la vida en los más diversos hábitats. Son frecuentes en la tierra, en el agua y en el aire, y a menudo se les encuentra en lugares donde no pueden sobrevivir otros animales. Sin duda, ellos han alcanzado un gran éxito biológico, lo cual ha sido posible porque han desarrollado estructuras que les han permitido tan extraordinaria adaptabilidad.

Es un grupo formado por aproximadamente 1.100.000 de especies, que engloba el **80 % de los animales**, de los que **los insectos**, con alrededor de un millón, **son los más abundantes**. Son invertebrados muy antiguos y los de organización más compleja, viven en todos los lugares del planeta. Su anatomía y sus formas de vida son extraordinariamente diversas, pero **presentan algunos caracteres comunes**.

Exoesqueleto. Tienen un **esqueleto externo** que cubre todo el cuerpo, consistente pero flexible, formado por la **quitina**. A veces forma un **caparazón**, por lo que es frecuente el fenómeno de la **muda**. Este esqueleto está formado por **piezas articuladas** y da a los artrópodos **sostén y protección** contra los **depredadores y la desecación**.

Apéndices articulados. Las **patas** y otros **apéndices**, como las **antenas** y las **mandíbulas, formadas por piezas** que se **articulan entre sí,** son móviles; el **número y forma de las extremidades es muy variable y depende del grupo de artrópodos** y **de la función** que realicen.

Cuerpo segmentado, con **simetría bilateral**, generalmente dividido en **tres segmentos,** que en algunos casos se pueden unir:

- **Cabeza**. El anterior, con la masa cerebral. Presenta las antenas, los ojos, simples o compuestos, y el aparato bucal, provisto de boca con mandíbulas y **maxilas**, para triturar el alimento.
- **Tórax**. El intermedio, con importantes órganos, como el corazón. Presenta las patas articuladas y las alas, si las hay.
- **Abdomen**. El posterior, con los aparatos excretor y reproductor.

Sistemas. Tienen un tubo **digestivo completo**. El **sistema nervioso** está muy desarrollado y su **cerebro** muestra una estructura más compleja. El **circulatorio** está abierto, con un vaso dorsal contráctil que funciona como **corazón**. La **respiración es branquial en acuáticos y traqueal en terrestres. La traqueal se realiza a través de un sistema de tubos,** llamados **tráqueas,** comunicados con el exterior por unos orificios y que se ramifican por todo el cuerpo, llevando el oxígeno a todas las zonas del cuerpo.

Reproducción. Mayoritariamente son individuos de **dos sexos y fecundación interna mediante cópula.** Son **ovíparos** y algunos forman **larvas** que **pueden o no sufrir metamorfosis.**

Los artrópodos se dividen en **cuatro clases** importantes:

1. Con quelíceros y sin antenas: **Arácnidos**.
2. Con mandíbulas y antenas: **Miriápodos, Crustáceos** e **Insectos**.

Clase Aracnida

Hay **arácnidos beneficiosos** para los humanos por **cazar insectos**, aunque algunos son **parásitos** y pueden **transmitirle enfermedades**, como las **garrapatas** y los **ácaros,** y otros pueden **producirle picaduras muy peligrosas,** como los **escorpiones** y **algunas arañas.**

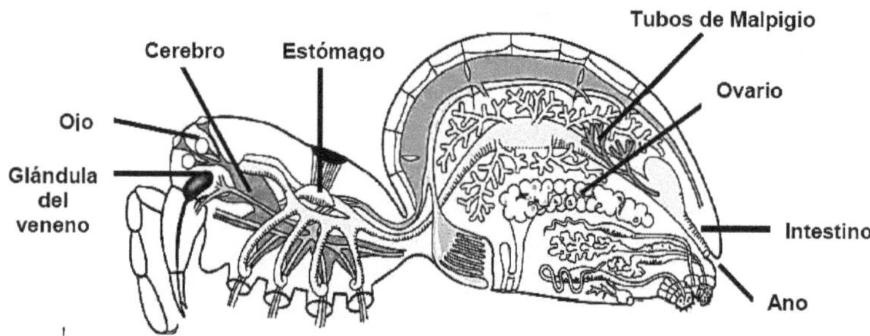

El cuerpo con segmentos poco visibles en general, formado por **cefalotórax**, unión de **cabeza** y **tórax;** y **abdomen**.

 En el cefalotórax se localizan:

-Dos **quelíceros,** apéndices en forma de **uña** o **pinzas,** que pueden ser **venenosos.** Rodean la boca succionadora que chupa los tejidos blandos de sus presas, ya que no tienen mandíbulas.

-Dos **pedipalpos,** órganos sensitivos o prensiles.

-Los **ojos, simples,** casi siempre **ocho.**

-**Cuatro pares** de patas para caminar. Carecen de antenas.

La mayoría son **unisexuales,** con **fecundación interna, ovíparos** y con **desarrollo directo**. Son de **vida libre y depredadores**.

Las arañas se caracterizan por tener quelíceros para inyectar el veneno. Poseen **glándulas hileras**, productoras de seda, con las que tejen las telas de araña para capturar sus presas. Tienen **respiración traqueal.**

Por su parte los Escorpiones están caracterizados por presentar **cefalotórax** con **quelíceros reducidos** y **no venenosos**, y **pedipalpos** terminados **en pinzas enormes para sujetar** e inyectar a sus presas el **veneno** con el **aguijón situado al final del abdomen.** Tienen **peine**, un órgano sensorial característico de estos animales. Son **nocturnos y vivíparos**, las madres portan las crías en su espalda.

Clase Miriapoda

Existen unas 10.000 especies, en general de **pequeño tamaño**, aunque algunos miden 30 cm.

.Tienen **respiración traqueal** y viven en ambientes **húmedos** al no tener **cutícula impermeable.**

Su cuerpo está formado por:

- ✓ **Cabeza,** con un par de antenas y un par de piezas bucales masticadoras.
- ✓ **Tronco** con segmentos, de 15 a 200 según las especies, y en cada uno al menos un par de patas, de ahí los nombres de **ciempiés o milpiés.**
- ✓ .Se alimentan de materia vegetal en descomposición.

Clase Crustacea

Para su estudio se pueden dividir en crustáceos **inferiores**, pequeños y sin apéndices en el abdomen e importantes en las cadenas alimenticias como sustento de los peces, y **superiores**, con apéndices en todos los segmentos y de gran importancia en la alimentación humana.

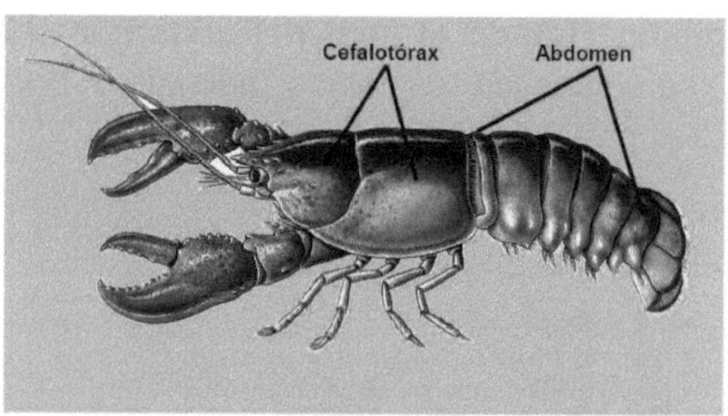

Su cuerpo está segmentado, cubierto por un caparazón y dividido en **cefalotórax** y **abdomen**. En el **abdomen tiene apéndices,** los últimos en forma de láminas para nadar.

En el **cefalotórax** presentan:

1. Dos **pares de antenas** sensibles al **tacto** y al **olfato;** las primeras, más cortas, se llaman **anténulas.**
2. **Tres pares** de apéndices **masticadores.**
3. **Dos ojos.**

4. **Cinco pares de patas locomotoras**, el primero terminado en grandes pinzas

Los crustáceos superiores tienen reproducción sexual y sexos separados; en los inferiores hay bastantes hermafroditas. Son ovíparos y con larva planctónica (en una fase de su desarrollo). La mayoría marinos y algunos de agua dulce o de lugares húmedos, ya que respiran por branquias. Son animales carnívoros.

Clase Insecta

Con casi 1.000.000 de especies es el grupo más numeroso de animales.

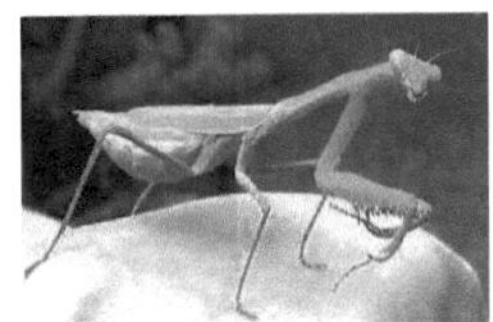

Se caracterizan porque su cuerpo está formado por:
1. **Cabeza**. Con ojos **compuestos**, un par de **antenas** con función **olfativa** y **táctil** y **boca** con apéndices, como **maxilas y mandíbulas**.
2. **Tórax**. Con **tres segmentos** que portan los **tres pares de patas y dos pares de alas** finas y membranosas, aunque la variedad de las patas y las alas es enorme.
3. **Abdomen. Sin apéndices**, está formado por **diez u once segmentos**, en los que aparecen los **orificios de las tráqueas**.

Son **ovíparos**. Pueden tener **desarrollo larvario directo** (la larva al nacer ya se parece al adulto) o **indirecto**; en este caso, se produce **metamorfosis**, con **uno o varios pasos desde el huevo hasta el adulto.**

La relación entre el hombre y los artrópodos son muy variadas. Muchos son perjudiciales, pues trasmiten enfermedades graves al hombre y a los animales domésticos, mientras que otros constituyen plagas dañinas para las plantas de cultivo.

En la actualidad, existe una especie vulgarmente conocida como santanilla (*Wasmannia auropunctata*), que es una hormiga muy pequeña (alrededor de 1,5 mm. de largo), de color castaño dorado. Es nativa de América Central y del Sur que se ha esparcido a otras latitudes. Se encuentra reportada entre las 100 de las especies exóticas invasoras más dañinas del mundo. Por sus características se adapta a variados hábitats, desde viviendas urbanas y rurales y en sus alrededores hasta campos cultivados, bosques y matorrales en general; crea supercolonias, su actividad es a toda hora con un comportamiento oportunista que les permite apropiarse de la totalidad de los recursos disponibles en el ambiente en detrimento de especies competidoras. Su ataque provoca una irritación local intensa que provoca malestar y ardor en esa zona.

Pero no todos los artrópodos son perjudiciales, ya que son muchas las especies beneficiosas; así, unas se utilizan como alimento, numerosas intervienen en la polinización de las flores y otras producen sustancias útiles al hombre.

Por la enorme diversidad de forma que presenta este grupo de animales, ha sido necesario establecer una clasificación que los agrupe de acuerdo con sus características semejantes y relaciones de parentesco, de forma tal que se haga más fácil su estudio.

La diversidad de este phylum incluye especies beneficiosas como las abejas, mariposas, escarabajos, alacranes, camarones, langostas, cangrejos, etc. porque algunas de ellas participan en la polinización, otras su veneno se utiliza en la industria farmacéutica y en otras su carne es utilizada para la alimentación del hombre. Sin embargo especies como cucarachas, mosquitos, pulgas, piojos, garrapatas, etc. constituyen plagas y son vectores de enfermedades de animales y del hombre que requieren del mejoramiento de condiciones higiénicas en general para su mejor control.

Phylum Echinodermata.

Echinodermata deriva del griego **echinos**, que significa erizos y **derma**, piel). Consta de unas 6.000 especies, entre las que se encuentran algunos de los animales marinos más comunes. Comprenden las estrellas de mar (clase asteroideos), los ofiuros (ofiuroideos), erizos y dólares de mar (equinoideo), lirios de mar (crinoideos) y cohombros de mar (holoturoideos), además de varias clases extinguidas.

Estrella de mar

Todos son de simetría radial en estado adulto y la mayor parte poseen un endoesqueleto calizo con espinas externas. Viven en la costa y en el fondo del mar, desde la línea de la marea hasta más de 3.600m de profundidad, en su mayor parte son de vida libre y de movimientos lentos; unos pocos son pelágicos, pero ninguno es parásitos. Algunos son abundantes, pero ninguno colonial; algunos lirios de mar viven siempre fijos y otros muchos nadan libremente .Algunos equinodermos los emplea el hombre como alimento y sus huevos se han empleado en numerosos experimentos. Las estrellas de mar pueden perjudicar los criaderos de ostras o almejas.

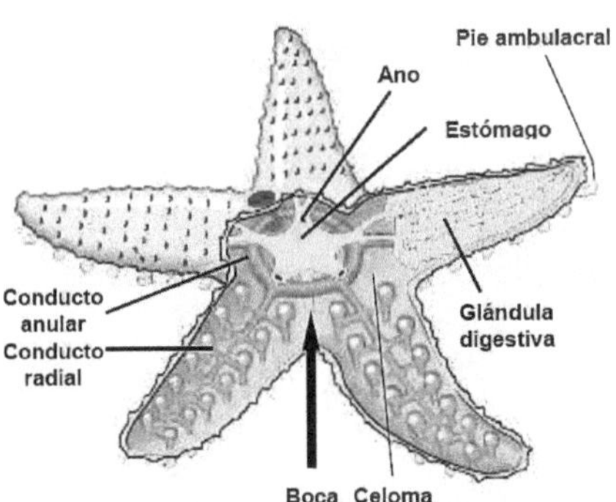

Los equinodermos poseen simetría radial de ordinaria, pentarradiada en los adultos, bilateral en las larvas, la mayor parte de sus órganos son ciliados, la superficie del cuerpo está formada por cinco áreas radiales simétricas y ambulacros, en las cuales salen los pies tubulosos y alternando entre éstas hay cinco interambulacros (inter radios).

El cuerpo de estos animales está cubierto por una delicada epidermis y posee un endoesqueleto mesodérmico resistente, formado por placas móviles o fijas, calcáreas de ordinario con una disposición definida; a menudo con espinas (piel correosa y placas generalmente microscópicas en los Holoturoideos).

Presenta diferentes sistemas de órganos. El tubo digestivo es simple y generalmente completo (algunos carecen de ano).El sistema circulatorio es (hemal) radial, pero reducido y el celoma se encuentra tapizado por un peritoneo ciliado, de ordinario grande, con amebocitos libres en su líquido; parte del celoma larvario se convierte en un sistema vascular acuoso, que suele tener numerosos pies tubulosos para la locomoción, la captura de alimento y la respiración, la cual se verifica por diminutas branquias o pápulas protráctiles en el celoma, por pies tubulosos y, en las holoturias, por árboles respiratorios cloacales. El sistema nervioso de los equinodermos está constituido por con un anillo circumoral y nervios radiales. Los sexos se encuentran separados (las excepciones son raras), iguales externamente, las gónadas grandes, con conductos simples; huevos abundantes, de ordinario fecundados en el mar las larvas son microscópicas, ciliadas, transparentes y de ordinario nadadoras, con notables metamorfosis.

Son pocas las especies vivíparas, algunas también se producen asexualmente por división, y muchas regeneran las partes perdidas, rápidamente.

Hasta aquí se han estudiado diferentes grupos de organismos animales que poseen adaptaciones variadas a las diferentes condiciones en que viven, pero tienen por característica común, que carecen de columna vertebral por lo que se denominan invertebrados.

A continuación se presenta el estudio de los animales que por poseer columna vertebral son conocidos como vertebrados y apreciarás que en comparación con los anteriores presentan un mayor nivel de desarrollo evolutivo.

PHYLUM CHORDATA

A este grupo de animales pertenecen todas las especies que durante su desarrollo embrionario presentan las siguientes características:

--Presencia de notocordio.

--Presencia de cordón nervioso dorsal.

--Presencia de hendiduras faríngeas o branquiales.

Estas, en su estado adulto pueden estar modificadas o sustituidas por otros órganos.

Por ejemplo en el subphylum Urochordata, donde se encuentra la ascidia, conocida por los pescadores como jeringa de mar, solo están las tres en estadio de larva, en el subphylum Cephalochordata, donde se halla el anfioxus, están durante toda la vida y en el subphylum Vertebrata, el notocordio es sustituido por la columna vertebral.

Los vertebrados se distinguen por la presencia en ellos de la columna vertebral que constituye el eje esquelético de su cuerpo. Este soporte se desarrolla alrededor del notocordio y lo refuerza o sustituye. La columna vertebral son segmentos óseos o cartilaginosos llamados vértebras. En la posición anterior se encuentra el cráneo, el cual rodea y protege al encéfalo, el extremo anterior del cordón nervioso.

Cráneo y columna vertebral son parte del endoesqueleto. En contraste con los invertebrados que posee un exoesqueleto, es un tejido que crece con el animal y no es sustituido por mudas.

Otra característica importante de los vertebrados es su cefalización, o sea, la concentración de células nerviosas y órganos sensoriales en una cabeza bien definida.

Todos los vertebrados comparten otras características, que aunque no son exclusivas de ellos, si alcanzan un mayor desarrollo. Poseen un sistema circulatorio cerrado con un corazón dotado de dos, tres o cuatro cámaras; riñones pares; tubo digestivo completo y glándulas digestivas (hígado y páncreas); músculos unidos al esqueleto para garantizar su movimiento; un sistema nervioso con una división autónoma que regula las funciones involuntarias de los órganos internos; órganos de los sentidos bien desarrollados (ojos, oídos, olfato y gusto); dos pares de apéndices y sexos separados.

Las características anteriormente mencionadas ofrecen con claridad el alto desarrollo evolutivo alcanzado por los vertebrados en el reino Animalia.

A continuación se detallarán algunas clases pertenecientes a este phylum.

Clase Chondrichthyes.

La clase **Chondrichthyes** agrupa a una gran variedad de animales vertebrados que se caracterizan por poseer un esqueleto interno de consistencia cartilaginosa, de ahí el nombre que recibe el grupo y que proviene del griego **chondros:** cartílago, e **ichthyes:** peces. Esta clase comprende, entre otros la gran diversidad de tiburones, rayas, mantas, obispos y quimeras que habitan en su mayoría en las aguas de mares y océanos de todo el mundo. Estos peces son generalmente de talla mediana, la cual oscila entre los 90 **cm.** y los 2,5 **m** pero hay especies que tienen un tamaño extraordinario como es el caso del pez dama, que alcanza más de 15 **m** y que es considerado como uno de los vertebrados vivientes más grandes que se conocen; sin embargo algunas especies de tiburones y rayas no sobrepasan los 30 **cm.** Muchos representantes de este grupo son conocidos por la velocidad que desarrollan durante la natación, así como por sus hábitos alimentarios. Algunos de ellos son temidos por pescadores y bañistas.

Todos los condrictios tienen un par de mandíbulas y dos pares de aletas. La piel contiene escamas placoides. Cada una de estas escamas es una estructura en forma de diente constituida por una capa externa de esmalte y una capa interna dentina. El recubrimiento de la boca tiene escamas mayores que hacen la función de dientes. Los dientes de estos organismos están inmersos en la carne, no fijos a las mandíbulas; en forma continua se desarrollan nuevos dientes atrás de los funcionales, y se desplazan hacia delante para sustituir a los que se pierden

Tiburón

Los peces cartilaginosos tienen de cinco a siete pares de branquias. Una corriente de agua penetra por la boca y pasa por las branquias para salir por las hendiduras branquiales por lo que existe un suministro constante de oxígeno.

Presentan un tubo digestivo que consiste en una cavidad oral, le continúa una larga faringe que conduce al estómago y de este a un intestino corto y recto al que llegan las secreciones del hígado y el páncreas. Termina en una cloaca la cual recibe los desechos digestivos, la orina y en la hembra el semen del macho. Esta es característica de muchos vertebrados y se abre en la parte inferior del cuerpo.

Poseen un encéfalo complejo y la médula protegida por las estructuras cartilaginosas de su columna vertebral. Existen órganos sensoriales que permiten localizar sus presas por medio del olfato y la percepción de vibraciones en el agua, así como por la vista.

Es característico de todos los peces, la existencia de una línea lateral formando un surco a lo largo de todo su cuerpo con pequeñas aberturas hacia el exterior donde células sensoriales en los canales reaccionan al movimiento del agua.

Los sexos están separados y la fecundación es interna. Algunos ejemplares como las mantas y algunas especies de tiburones ponen sus huevos (ovíparas), mientras muchas especies de tiburones incuban los huevos en su interior por lo que se les considera ovovivíparas. Unos pocos son vivíparos.

La mayor parte de los tiburones son depredadores devorando otros peces, crustáceos y moluscos.

Se conoce que algunas especies de condrictios ocasionan daños al ser humano, pero la realidad es que el hombre también ha provocado perjuicios por lo que muchas especies están en peligro de extinción pues tiburones y rayas son fuente de alimentación al hombre y la piel se utiliza en la industria del calzado para confeccionar bolsos y zapatos. El aceite de su hígado es muy utilizado en la medicina por ser una fuente importante de Vitamina A.

Es preciso entonces en las diferentes regiones del planeta donde se utilizan estas especies con tales fines, realizar un mejor manejo de dichos recursos para evitar la pérdida de estos miembros de la diversidad biológica.

Clase Osteichthyes.

Los peces óseos, nombre que recibe este grupo de vertebrados y que proviene del griego **osteo:** huesos e **ichthyes:** peces, son los animales que predominan en el hábitat acuático.

Este grupo está constituido por unas 20 000 especies que presentan las más variadas características en cuanto a hábitat, forma del cuerpo, color y tamaño. Dentro de la diversidad se hallan el pargo criollo, la claria, la trucha, la tenca, la sardina, la rabirrubia, el ronco, el caballito de mar, la morena, el escribano, etc.

La abundancia de los peces óseos es considerable; viven en tanto en agua salada como agua dulce, han colonizado todos los biotopos posibles para su vida y lo han aprovechado con éxito, en esto influye la resistencia a condiciones ambientales desfavorables, incluso mediante modificaciones alimentarias de singular importancia. La mayoría son piscívoros, no obstante, otros ingieren desde el plancton hasta todo tipo de vegetación acuática. Por todo lo anterior, no nos sorprende el hecho de que los peces óseos sobrepasen en número de especies casi 8 veces el de peces cartilaginosos.

Los peces óseos se caracterizan en lo fundamental por tener el cuerpo cubierto de escapas de origen dérmico. La mayor parte de las especies tienen tanto aletas mediales como aletas pares, con radios de cartílago o hueso. A diferencia de los condrictios, poseen un fragmento protector lateral de la pared de su cuerpo llamado opérculo, situado en la parte posterior de la cabeza y que recubre las branquias. Gracias al movimiento del opérculo, existe una circulación del agua que entra por la boca y sale por este permitiendo que los peces óseos obtengan el oxígeno disuelto en agua, necesario para su respiración.

Un aspecto que también los distingue de los condrictios, es la presencia de una vejiga natatoria, órgano hidrostático que permite al pez cambiar la densidad de su cuerpo y, de este modo, subir, descender o permanecer estacionado a una profundidad determinada. Los peces cartilaginosos al no poseerla tienen que estar nadando constantemente, de lo contrario se hunden.

Los peces óseos por lo general son ovíparos. Su fecundación es externa y ponen una gran cantidad de huevos de los cuales nacen los alevines. Ocurre con frecuencia que esa gran cantidad de huevecillos y peces jóvenes sirven de alimento a otros peces. Muchas especies de peces construyen nidos y cuidan de ellos hasta el nacimiento de las crías.

El **pargo criollo** es una especie que habita generalmente en las aguas de nuestra plataforma insular, donde acostumbra a moverse en grandes grupos, su talla oscila entre 40 y 80 **cm.** en su estado adulto, y se distingue fácilmente por los vivos colores que van desde el rojo o rosado en la región ventral del cuerpo y las aletas, hasta el color verdoso de la cabeza y la región dorsal, en la que se observa una gran aleta espinosa.

Esta tonalidad de rojo y rosado le permite pasar inadvertido en su hábitat, de forma que otros peces que se alimentan de él no lo puedan descubrir con facilidad, por lo que su color constituye para el pargo una forma de enmascaramiento. Esta especie es uno de los renglones económicos exportables por la calidad de su carne. Junto al pargo existe otra diversidad de peces óseos que representan renglones económicos tanto para la exportación como para el consumo nacional pues la plataforma cubana, por su carácter insular, los ecosistemas marinos existentes y las barreras coralinas permiten que se desarrolle una diversidad de especies que son ampliamente comercializadas.

Algunas especies de agua dulce han caracterizado la fauna cubana de peces óseos como son la biajaca criolla, el manjuarí (en peligro de extinción), la trucha etc. Durante años han servido de alimento a los campesinos y otra parte de la población en general. En la actualidad la introducción de algunas especies como la claria, la tenca y la tilapia con fines económicos han favorecido este renglón alimentario.

 A pesar de ello, la claria, también conocida como pez gato (*Claria gariepinus*) de origen africano fue introducida por el Ministerio de la Pesca de forma intencional con fines alimentarios por las particularidades nutricionales de su carne. Es un omnívoro depredador que se ha extendido sorprendentemente en todo el país, bajo diversas circunstancias y condiciones ambientales. En el estudio del contenido estomacal de las clarias, se han encontrado restos de anfibios, reptiles, moluscos, aves, mamíferos y vegetación lo cual demuestra todas las vías de alimentación que posee. Su vertiginoso desarrollo ha ocasionada que ataquen a la biajaca criolla que casi está desapareciendo de los ríos y lagunas cubanos, y se ha reproducido tan vertiginosamente que prácticamente es en estos momentos una especie de un inteligente manejo y control por considerarse, bajo dichas circunstancias, una especie exótica invasora.

Otra especie exótica invasora es el pez león (*Pterois volitans*). Se reportó su presencia en Cuba por primera vez en el año 2007 en la región oriental del país. A partir de ese momento su dispersión ha sido veloz y se encuentra en casi todas nuestras costas.

Es una especie de depredación directa, de alto nivel competitivo en su ambiente y su superpoblación por su fácil reproducción. El veneno de sus espinas puede provocar graves afectaciones al ser humano. Se han reportado hasta la fecha, varios casos de personas intoxicadas con el veneno de este pez.

Clase Amphibia.

Los anfibios son los representantes actuales más antiguos de los vertebrados terrestres. El nombre de esta clase viene de las palabras griegas **amphi**, que significa ambos o dobles, y **bios**, vida. Es decir, que los animales que constituyen este grupo poseen generalmente una "doble vida" ya que la mayoría desarrolla una etapa de su ciclo de vida en el agua y la otra en la tierra.

En la actualidad se conocen aproximadamente unas 2 500 especies de anfibios. De ellas son muy conocidas para nosotros las ranas y los sapos dada su extraordinaria abundancia en charcas y lugares húmedos del país.

Los anfibios **se clasifican en tres órdenes**: **Urodela**, constituido por salamandras, tritones y necturos, todos con larga cola; **Anura**, que incluye sapos y ranas, sin colas y patas articuladas especializadas para el salto y **Apoda**, de las cecilias, ápodas y con aspecto de gusano.

Observa algunos representantes de estos órdenes

Apoda

Cecilia

Urodela

Salamandra

Anura

Rana

Estos animales se caracterizan por poseer cuatro extremidades (aunque algunos presentan dos o simplemente no poseen) con membranas interdigitales o no. Observa la imagen siguiente:

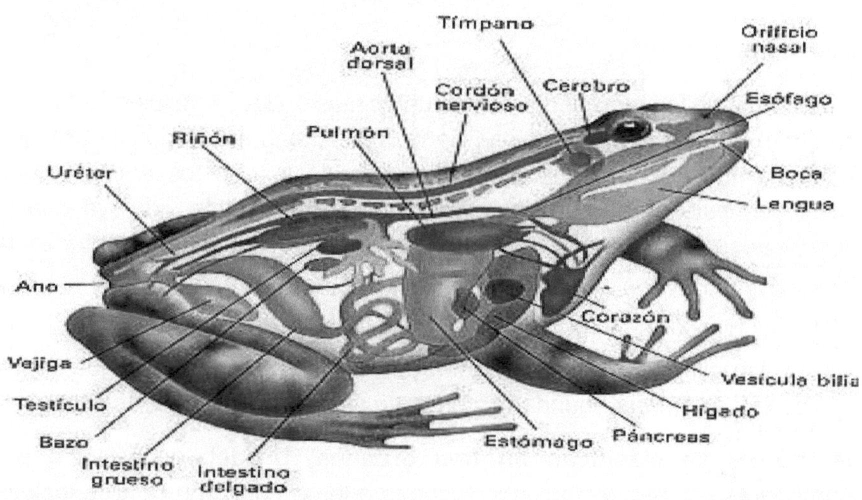

El cráneo tiene dos cóndilos occipitales, una cintura pélvica unida a las vértebras y la circulación doble con mezcla de sangre en el último ventrículo. El corazón de los anfibios tiene dos aurículas que reciben la sangre y un solo ventrículo que la bombea hacia las arterias. Un doble circuito de vasos sanguíneos mantiene separada en parte la sangre rica en oxigeno de la sangre desoxigenada. La sangre pasa por el proceso de circulación hacia los tejidos y órganos del cuerpo. Luego, después de regresar al corazón, es dirigida a través de la circulación pulmonar a los pulmones y la piel, donde se vuelve a oxigenar. La sangre rica en oxígeno vuelve de nuevo al corazón para ser bombeada y distribuirse por todo el cuerpo.

La respiración pulmonar es además, reforzada por la cutánea, debido a que su piel es húmeda (por la presencia de muchas glándulas mucosas) y vascularizadas, y por la mucosa bucal. En las larvas es branquial. Los anfibios adultos no dependen solamente de los pulmones primitivos para el intercambio de gases respiratorios ya que como se ha mencionado anteriormente su piel también funciona como órgano respiratorio por ser húmeda y poseer glándulas que la mantienen húmeda, además de estar muy irrigada de vasos sanguíneos.

La presencia de dichas glándulas en la piel para mantenerla húmeda y evitar la desecación es otra importante adaptación a las condiciones de la vida terrestre.

Los ojos poseen párpados lo cual constituye una adaptación a la vida terrestre para evitar la acción de la radiación solar y de este modo se mantienen húmedos.

La línea lateral del cuerpo está presente solo en las larvas y en algunos adultos que desarrollan toda su vida en el agua.

Los anfibios tienen 10 pares de nervios craneales, la excreción es a través de los riñones mesonefros y por la piel, además su reproducción es ovípara.

Un aspecto importante en la reproducción es que a pesar de haber invadido la tierra donde algunos anfibios adultos son muy exitosos como animales terrestres y pueden vivir en lugares bastante secos, la mayor parte de ellos son dependientes del agua para perpetuar sus especies, debido a que su huevo carece de una envoltura resistente para poder evitar los efectos de la radiación solar. Por esta razón pasan por un conjunto de transformaciones que se conoce como metamorfosis.

Los óvulos y espermatozoides por lo general son depositados en el agua en una sustancia gelatinosa que los mantiene unidos, los embriones de ranas y sapos se convierten en larvas llamadas renacuajos que tienen cola y branquias pero que no deben confundirse con algún tipo de pez pequeño. Estos se alimentan de las plantas acuáticas y después de un tiempo comienzan a experimentar una serie de transformaciones (la metamorfosis).

Las branquias y hendiduras branquiales desparecen, la cola se recorta poco a poco, se desarrollan las patas anteriores, el tubo digestivo se acorta y la alimentación va variando, de las pequeñas plantas de que se alimentaban se inicia una alimentación carnívora, la boca se ensancha y se desarrolla una lengua con características especiales, su base está en la parte anterior de la boca y la posterior es arrollada para poder lanzarla a la caza de una presa, aparecen la membrana timpánica y los párpados .

Algunos especies de salamandras no experimentan la metamorfosis completa, retienen en su fase adulta muchas características larvales por lo que se vuelven sexualmente maduros sin haber completado la metamorfosis (esto es conocido como neotenia). Observa en la figura el proceso de metamorfosis.

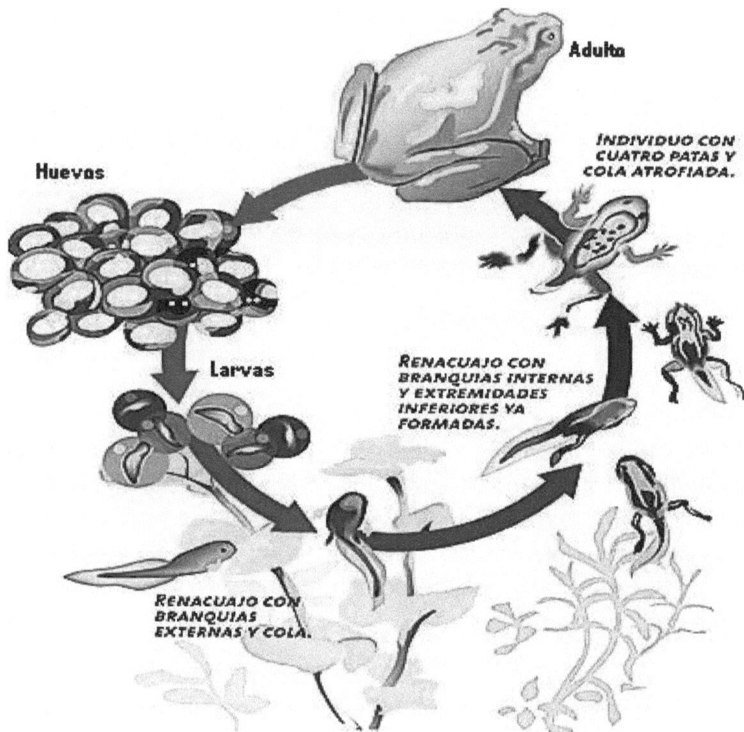

Los aspectos descritos hasta aquí, son suficientes para comprender que los anfibios desde el punto de vista evolutivo son superiores a peces por el hecho de haber invadido la tierra, pero no la pueden conquistar ya que todavía permanecen características anatómicas y funcionales que dependen del agua, de lo contrario, adaptaciones para contrarrestar los efectos de la vida terrestre.

Los anfibios son muy importantes para la vida del hombre y el resto de los organismos de la naturaleza. Por ser carnívoros, se alimentan de insectos como moscas, mosquitos, pequeñas cucarachas y arañas entre otros, por lo que actúan indirectamente como controladores biológicos, ya que esos insectos pueden ocasionar enfermedades a los humanos y otros animales.

Los anfibios tienen la posibilidad de cambiar de color para adaptarse al medio donde viven y confundirse para no ser atacados por otros organismos, a esto se le denomina mimetismo. El cambio de coloración depende de procesos hormonales regulado por la glándula hipófisis. Algunas de estas sustancias secretadas son tóxicas.

Algunas especies, como la rana toro, poseen una carne saludable y muy apreciada en la alimentación y son también utilizadas como fuente de exportación.

Clase Reptilia.

Los reptiles constituyen los primeros vertebrados adaptados por completo al hábitat terrestre, por lo que abundan tanto en bosques tupidos como en costas, ciénagas, montañas altas, etcétera.

En la actualidad se conocen aproximadamente unas 6 300 especies de reptiles las cuales incluyen animales tan conocidos como los lagartos, las serpientes, las tortugas de mar y de tierra y los cocodrilos, entre otros.

El nombre de la clase proviene del latín **repere:** reptar (arrastrarse) y se refiere a la forma de locomoción frecuente en la generalidad de estos animales.

Los reptiles son organismos verdaderamente terrestres pues no necesitan regresar al agua para reproducirse. Se dice que los reptiles son los primeros organismos en conquistar la tierra. Ya los anfibios la habían invadido pero dependiendo del agua. A continuación analizaremos las características de los reptiles que le permitieron adaptarse a la vida terrestre.

Su cuerpo está cubierto por escamas córneas, duras y secas, que los protegen de la desecación y de los depredadores, pero no la pueden utilizar para los intercambios gaseosos como lo hacían los anfibios por lo que presentan pulmones mejor adaptados por presentar cámaras y una mayor superficie para el intercambio gaseoso.

Iguana

La mayor parte de los reptiles poseen el corazón dividido en tres cavidades y el ventrículo presenta un tabique o división interna pero incompleta que facilita la separación parcial de la sangre rica y pobre en oxígeno lo que favorece la oxigenación de todos los tejidos del cuerpo de los reptiles. Los cocodrilos sí presentan cuatro cavidades en el corazón lo que permite que la sangre purificada no se mezcle con la impura.

Otra adaptación a la vida terrestre es la forma en que los reptiles eliminan las sustancias de desecho de su cuerpo sin desechar mucha cantidad de agua ya que en el proceso de formación de la orina se absorbe mucho agua y no es expulsada al exterior.

La temperatura del cuerpo de los reptiles no puede ser controlada por ellos mismos como también ocurre en peces y anfibios, sino que la temperatura corporal depende las condiciones del medio. Sin embargo los reptiles presentan mecanismos para elevar su temperatura. A veces habrás observado lagartijas expuestas al sol. Todo ello tiene influencia en sus procesos metabólicos. Un reptil expuesto al sol aumenta su capacidad metabólica y por tanto posee mayor actividad, en consecuencia los reptiles buscan mecanismos para aumentar la temperatura de su cuerpo respecto a la del medio ambiente. Todo esto te permitirá concluir que los reptiles manifiestan mayor actividad y por lo tanto mejor desempeño en los climas cálidos que en los fríos.

La mayor parte de los reptiles son carnívoros, aunque algunos como las tortugas y lagartos son herbívoros.

Sus miembros anteriores y posteriores en general poseen cinco dedos, están perfectamente adaptados para corre y trepar.

Sus órganos sensoriales les permiten localizar las presas.

Una de las adaptaciones a la viuda terrestre de los reptiles es en su forma de reproducción. Con anterioridad se ha planteado que no necesitan del agua para reproducirse. Aunque algunas especies como las tortugas y los cocodrilos (también los caimanes) viven en el agua, en época de reproducción salen a la tierra para depositar sus huevos hasta obtener la cría.

 El huevo de los reptiles se encuentra recubierto por una cubierta protectora coriácea lo que ayuda a impedir que el embrión contenido en su interior sea dañado por las condiciones externas de la vida terrestre, como altas temperaturas, la acción de otros animales, etc.

Antes de la formación de ese cascarón, la fecundación de los reptiles ocurre en el interior de la hembra después de una cópula donde el macho a través de sus órganos copuladotes deposita los espermatozoides en el interior de la hembra.

Ocurrida la fecundación y bajo la protección de la cubierta del huevo se produce el desarrollo del embrión en una cámara líquida rodeada por una membrana denominada **amnios**. Bajo estas condiciones el embrión se mantiene húmedo y la cámara líquida actúa como amortiguador contra los efectos externos o sea posibles golpes o choques mecánicos.

Otras envolturas dentro del huevo contribuyen al exitoso desarrollo del embrión. El **corion** se encuentra rodeando al embrión y al resto de las membranas extraembrionarias, por lo que su función fundamental es de protección. El **alantoides** forma una tercera bolsa mediante la cual el embrión toma el oxígeno necesario que llega a través de la cubierta del huevo, que es porosa. El alantoides, además, funciona como reservorio de los productos de excreción del embrión.

Una vez transcurrido el tiempo de desarrollo del embrión, el animal completamente formado rompe la cáscara que lo rodea, emergiendo un pequeño ejemplar con características similares a sus padres, el que se adapta rápidamente a las nuevas condiciones de vida.

Existe una gran diversidad de especies de reptiles, desde los majaes, las tortugas terrestres y acuáticas, los cocodrilos y caimanes hasta los lagartos de formas y tamaños diferentes. Es por ello que se encuentran **agrupados en tres órdenes**: **Chelonia** que comprende a tortugas donde su tamaño varía desde los 8 cm. hasta 2 m. y su cuerpo está recubierto por una cubierta protectora constituida por placas óseas con escamas córneas superpuestas formando un caparazón que permite a los organismos vivir dentro de ella y pueden proteger la cabeza y patas de los efectos externos.

Squamata formado por lagartos, serpientes e iguanas que son los reptiles más modernos y su piel recubierta por filas de escamas que se superponen como las tejas de un tejado formando una armadura continua que puede sufrir mudas mientras el individuo crece. Algunos como los lagartos tienen la capacidad de regenerar la cola cuando ha sido dañada.

Crocodilia incluye los cocodrilos y caimanes entre otros. Casi todos viven en pantanos, en ríos o en costas marinas, donde excavan el lodo y se alimentan de diversos tipos de animales. Los cocodrilos son los reptiles vivos más grandes que pueden medir hasta 7 metros.

La imagen que se muestra a continuación te presenta algunos ejemplares de los tres órdenes descritos anteriormente.

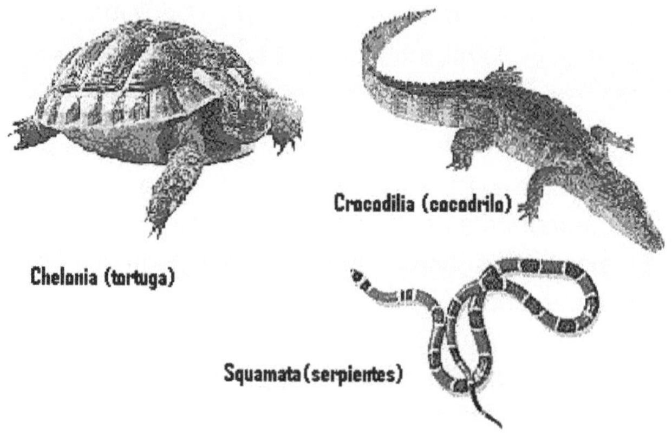

En Cuba los reptiles están ampliamente representados. Estos animales tienen una gran importancia como **controladores biológicos en la naturaleza.** Así, por ejemplo, el majá de Santa María contribuye al control de ratones y ratas en los cañaverales. Por otra parte las lagartijas y las culebras se alimentan de insectos perjudiciales a las plantas de cultivo.

Es conocido también el valor de los sueros que se preparan en otros países a partir del veneno de las serpientes, los cuales han disminuido considerablemente los índices de mortalidad ocasionados por las picaduras de estos reptiles.

Desde hace tiempo se conoce la importancia que tienen los reptiles para la vida del hombre. Por ejemplo, la piel de los cocodrilos se ha utilizado tradicionalmente para la confección de zapatos, carteras, etc.

Por tales motivos el Estado Cubano ha tomado medidas con el objetivo de asegurar la conservación de la especie de reptiles en nuestro país. Se han habilitado algunos lugares de la ciénaga de Zapata como centros de recría y protección de los cocodrilos.

Clase Aves.

El término aves proviene de la palabra griega *ornis*, estas constituyen uno de los grupos de vertebrados que han alcanzado un mayor desarrollo en el reino animal. Estos interesantes animales, que abarcan más de 8 600 especies, son fácilmente reconocidos por el hombre debido a que presentan el cuerpo cubierto de plumas, estructuras flexibles y muy fuertes para su escaso peso. Protegen el cuerpo, reducen la pérdida de agua a través de la superficie corporal, disminuyen la pérdida del calor del cuerpo y participan en el vuelo presentando al aire una superficie de sustentación.

Las extremidades anteriores en forma de alas adaptadas para el vuelo en la mayoría de las especies y las posteriores para caminar o nadar.

Poseen un pico córneo. Picos y patas sufren modificaciones en correspondencia con los lugares donde viven y la forma de alimentarse.

Todas estas características distinguen a las aves del resto de los vertebrados.

Además de las alas y las plumas, las aves presentan otras adaptaciones para el vuelo. Su cuerpo es compacto y aerodinámico. Sus huesos son fuertes, huecos con grandes espacios aéreos por lo que son muy ligeros, muchos de ellos fusionados lo que les proporciona la rigidez necesaria para volar.

Por la capacidad que poseen para el vuelo, en su mayoría han podido invadir numerosos hábitats, muchos de ellos inalcanzables a otros animales, lo que les proporciona ciertas ventajas para huir de sus enemigos.

La mandíbula de las aves es ligera y en lugar de dientes posen un pico córneo. Los pulmones son muy eficientes pues poseen extensiones de pared muy delgadas llamadas sacos aéreos, que ocupan espacios libres entre los órganos internos y dentro de algunos huesos. Tienen el corazón dividido en cuatro cavidades y circulación doble donde la sangre suministra el oxígeno a los tejidos y después vuelve a ser oxigenada en los pulmones para de ser bombeada una vez más hacia todas las partes del cuerpo. Su sangre es caliente y mantienen una temperatura corporal constante por lo que pueden vivir en climas fríos sin dificultad.

Las excreciones de las aves se producen a través de la cloaca pues carecen de vejiga urinaria. Esto les permite mantener un peso corporal reducido, también importante en la capacidad que tienen de volar.

El metabolismo de las aves es muy alto para obtener la energía necesaria para el vuelo, no obstante existen formas de adquirir los alimentos de manera diferentes a través de sus picos. Unas se alimentan de semillas pequeñas o frutos, gusanos, moluscos. Algunos a través de sus patas en forma de garras cazan roedores, conejos, serpientes etc. Estos alimentos son depositados en el buche, órgano peculiar de las aves. También poseen una molleja, muscular y de paredes gruesas, donde los alimentos son reducidos a porciones pequeñas para facilitar la digestión. Muchas aves ingieres pequeñas piedrecillas que ayudan en la molleja a degradar los alimentos.

Las aves se caracterizan por poseer un sistema nervioso bien desarrollado con un encéfalo mayor al de los reptiles. Dependen en gran medida del sentido de la vista, sus ojos son relativamente mayores que los de otros vertebrados. El oído también está bien desarrollado.

A pesar de la forma peculiar del cuerpo de las aves, éstas muestran una gran diversidad en cuanto al tamaño, la coloración del plumaje y las diferentes formas del pico y las patas. Así podemos destacar el pequeño tamaño de un canario al lado de la gran talla del cóndor, el contraste del plumaje del negrito con el maravilloso colorido de las plumas del pavo real macho, y los extravagantes picos del pelícano, la cotorra, el pájaro carpintero y el zunzún, entre otros.

Muchas aves como el ruiseñor y el sinsonte poseen la facultad del canto, una de las manifestaciones más bella de estos animales, la cual ha atraído la atención y admiración del hombre desde tiempos remotos.

Este grupo de animales ha representado además para el hombre una fuente valiosa de alimentos por el aporte de su carne y de sus huevos.

En las aves es característico su traslado a otros lugares (migraciones), la forma de confeccionar sus nidos y el canto, aspectos que las distinguen de otros animales.

Uno de los fenómenos temporales más notables de las aves es la costumbre que tienen muchas especies de realizar traslado, generalmente de las regiones del norte a las del sur, en busca de condiciones más favorables, tales como mejores temperaturas y alimento, entre otras.

En las migraciones, las aves por lo general, emplean rutas fijas durante determinadas épocas del año.

Estos animales no aprenden la ruta migratoria de sus padres, ya que regularmente las crías parten primero.

Algunos científicos consideran como probable, que la capacidad de seguir un rumbo fijo que poseen las aves depende, en parte, de la facultad de orientarse observando la posición del Sol o las estrellas; pero esto sólo constituye una hipótesis, puesto que aún no se conoce como una certeza.

Como ejemplo de aves migratorias tenemos el **pato de la Florida,** que hace cría en América del Norte y en el invierno migra al sur donde es común encontrarlo en nuestras lagunas y otros lugares de aguas dulces poco profundos; otro ejemplo es la **bijirita,** que es un visitante invernal común en nuestro país.

Los **pingüinos,** extrañas aves que no vuelan y que tienen las extremidades anteriores modificadas en forma de aletas, realizan migraciones nadando hacia el norte.

Otro fenómeno temporal en la vida de las aves es la **nidificación.** Las aves, en su mayoría construyen sus nidos sobre el suelo, las ramas, en las rocas, u otros lugares, y allí ocultan de sus enemigos los huevos o crías.

La construcción del nido es característica en las distintas especies, por lo general el macho se encarga de recolectar el material y la hembra construye el nido, pero esto puede variar. Durante el período de cría, el macho generalmente defiende su territorio y no permite la entrada de otros machos ni la de enemigos.

Los pájaros son las aves que construyen nidos con mayor perfección, debido a la necesidad de proteger a las crías contra los enemigos y las variaciones del clima.

Algunas aves, como las conocidas **águilas,** construyen su nido y permanecen en pareja durante toda la vida.

La capacidad de regresar al nido es un fenómeno notable en las aves, aparte de la migración.

Algunas especies de palomas entrenadas, regresan al nido al ser liberadas a distancias de más de 800 km. También se ha demostrado que pueden regresar al punto de origen sin previo entrenamiento. Esta facultad que poseen algunas aves de regresar al nido probablemente responde a que ellas vuelan hacia su punto de origen siempre que puedan ver el Sol.

El número de huevos que pone la hembra en el nido varía de acuerdo con la especie, pero siempre es menor el número de las aves que construyen sus nidos en lugares seguros que las que anidan en el suelo. Por ejemplo, la **codorniz** que anida en el suelo expuesta al ataque de los enemigos, pone hasta quince huevos, mientras que el **zunzún**, que construye su nido escondido en las ramas de los árboles, pone solamente dos huevos.

El color de los huevos en las aves puede variar también; por ejemplo, las aves costeras que anidan en lugares de poca protección ponen huevos con manchas de coloración muy parecida al substrato que los rodea, mientras que las **lechuzas,** que construyen los nidos en cavidades, donde quedan protegidos de sus enemigos, ponen huevos con cáscara blanca.

La incubación de los huevos es variable también. Los pájaros incuban durante un período de 12 días, el faisán entre 21 y 26 días y el avestruz, incuba los huevos de 42 a 60 días.

Durante el período de incubación en las aves, el embrión que se está desarrollando requiere de una temperatura elevada, la cual es proporcionada generalmente por la hembra que se echa sobre los huevos.

El canto es una de las facultades más bellas que poseen algunas aves. Constituye uno de los factores de la exhibición nupcial y permite el reconocimiento entre el macho y la hembra para efectuar la cópula. También constituyen en algunas especies una amenaza entre los machos, otras veces evidencia determinadas jerarquías entre padres e hijos y en ocasiones es considerado un medio para avisar en caso de peligro.

Algunas especies como el **ruiseñor** emiten bellas notas durante todo el año, sin embargo otras aves como el **sinsonte** y la **fermina** suelen hacerlo solo en determinada época. En tales casos, el canto puede estar asociado a la reproducción o a las migraciones.

En nuestro país se han registrado alrededor de 380 especies y subespecies de aves; de las cuales, 28 son endémicas de nuestro archipiélago. Entre las aves endémicas reportadas hasta el momento y que se destacan por su hermoso plumaje, tenemos la **paloma perdiz** y el **tocororo**, nuestra ave nacional   No menos interesantes son algunas aves que constituyen verdaderas rarezas debido a su difícil localización, tal es el caso del **zunzuncito,** que se encuentra sólo en algunos lugares del país.

Un buen número de aves, por el contrario, son muy comunes y se han ido asociando al hombre, de tal forma que hasta en ocasiones comparten sus predios, como ocurre con los **totíes** y los **mayitos**, que reunidos en grandes bandadas acostumbran ir a dormir a los árboles de los parques de las ciudades.

Otras aves, como el **catey** y el **cao,** ponen armonía en los campos donde habitan, por sus características voces. Aunque la mayoría de nuestras aves son diurnas, es decir, que realizan su actividad durante las horas del día, no por eso dejan de ser interesantes otras aves que comienzan sus actividades a la caída de la tarde, como son la **lechuza,** el **querequeté,** la **siguapa y el sijú cotunto.**

Desde tiempos muy remotos el hombre utilizó las aves como alimento y como adorno, lo que ha motivado que a través de los siglos este grupo haya alcanzado gran importancia en la naturaleza y en la economía.

Muchas de ellas como las palomas, las gallinas, los faisanes, entre otras, le brindan al hombre una fuente inapreciable de alimento.

En nuestro país, el desarrollo de la avicultura ha alcanzado un gran auge después del triunfo de la Revolución y es conocido por el Informe del Comité Central del PCC al Primer Congreso que la producción de huevos se elevó a setecientos millones, lo que representa seis veces la obtenida en l958.

También la carne avícola en dicha fecha tuvo un marcado incremento; todo lo cual evidencia que nuestro país ocupa un lugar destacado en la avicultura a nivel mundial.

Entre las razas de aves más importantes que se explotan en nuestro país tenemos la Cornish, que es productora de carne y se caracteriza por el gran desarrollo de los músculos pectorales (pechuga), y la Leghorn, gran productora de huevos de pequeño tamaño que rara vez se encluecan.

Pero no sólo las aves tienen importancia como fuente de alimento, muchas de ellas consumen insectos perjudiciales y semillas de plantas que constituyen malas hierbas en determinados cultivos. Las lechuzas son predadoras de ratas y ratones, que causan gran daño en los sembrados y en general al hombre. Sin embargo, algunas aves son perjudiciales al hombre, tal es el caso de los **chambergos,** que invaden los campos de arroz para alimentarse. Otras causan algún daño, pero no de consideración, a las frutas de las cuales toman sus jugos o semillas, como las **cotorras,** los **cateyes,** los **pájaros carpinteros,** etc.

Debido a la desaparición de muchos de nuestros bosques llevada a cabo por el hombre con el objetivo de utilizar esos terreros para cultivar la tierra, las aves de nuestro país se han restringido notablemente.

Algunas aves como el **pájaro carpintero real,** se encuentran hoy solamente en determinadas zonas de las provincias orientales, otras han sido perseguidas despiadadamente por el hombre, tal es el caso de la cotorra, los gavilanes y de algunas especies de palomas que se hayan en peligro de extinción. Por tal motivo, es necesario proteger las aves y crearnos una conciencia basada en el amor a la naturaleza, que nos permita contribuir positivamente a la labor que realiza nuestro Estado en la tarea de la repoblación forestar, que creará con el tiempo las condiciones necesarias para preservar nuestras aves.

La capacidad de vuelo de las aves les facilitó la conquista de nuevos territorios. A nuestro país han arribado y se han establecido de forma natural, diferentes especies, tal es el caso de la Garza Ganadera, el Yaguasín, el Pato de Bahamas, el Pájaro Vaquero, y más recientemente, la Monja y la Tórtola. Algunas especies, como el Pájaro Vaquero (*Molothrus bonariensis*), pudieran tener una incidencia negativa sobre la avifauna autóctona. Este pájaro es uno de los problemas más distintivos en nuestra fauna ornitológica. Su daño se fundamenta en la competencia de nidificación con otras especies afectando la reproducción y comportamiento de las mismas, ya que hurta los nidos de muchas de ellas como el tocororo, el sinsonte, el zorzal real, vireos y otros.

Clase Mammalia.

El término **Mammalia** (del latín **mamma**: mama) que identifica a estos animales, fue asignado por Linneo y responde a una de sus características principales, es decir, la presencia de glándulas mamarias que han alcanzado una mayor complejidad en su estructura y procesos vitales, y por consiguiente, constituyen el grupo más evolucionado del mundo animal. Los zoólogos han descrito alrededor de 3 700 especies y varios miles de subespecies de mamíferos, las cuales ilustran la gran diversidad propia de este grupo de vertebrados.

Los mamíferos se distinguen de los animales anteriormente estudiados por poseer el cuerpo cubierto de pelos y glándulas mamarias productoras de leche para alimentar a las crías y la diferenciación de sus dientes en incisivos, caninos, premolares y molares.

Poseen un diafragma muscular que ayuda considerablemente a los procesos respiratorios de inspiración y espiración para la ventilación pulmonar. El sistema nervioso es más desarrollado que cualquiera de las clases anteriormente estudiadas. Se caracteriza porque el cerebro es grande y de alta complejidad con un eficiente desarrollo de la corteza cerebral.

Al igual que las aves, los mamíferos son endodermos: mantienen su temperatura corporal constante, determinado por la presencia de pelos en la piel que actúa como aislamiento; el corazón posee cuatro cavidades y doble circulación bien delimitada y la presencia de glándulas sudoríparas. Los glóbulos rojos, sin núcleo, son excelentes transportadores de oxígeno.

La fecundación siempre es interna, y exceptuando algunas especies como las monotremas, que ponen huevos, los mamíferos son vivíparos. Otra característica importante es que la mayoría de los representantes de esta clase, forman placenta, órgano que permite el intercambio entre el embrión y la madre, a través de la cual se nutre y elimina los desechos.

Las extremidades de los mamíferos están adaptadas de diversas formas: para caminar, correr, trepar, nadar, excavar o volar. En los mamíferos que caminan en cuatro patas, las extremidades o miembros están en posición más directa bajo el cuerpo que los reptiles, lo cual contribuye a la rapidez y la agilidad.

Debido a su avance evolutivo presentan gran éxito biológico porque se adaptan fácilmente a nuevas situaciones; se destacan por su habilidad en la búsqueda de alimento y albergue y en el cuidado de sus crías. De esta forma han alcanzado una distribución muy amplia en la tierra y sus hábitat son muy variados. Son frecuentes sobre la tierra firme, bajo la superficie del suelo, en los ríos, lagos, mares y océanos, en los desiertos, en los glaciares y hasta en el aire. Constituyen con razón, animales ampliamente adaptados a las más diversas condiciones del ambiente.

Por otra parte, los mamíferos también muestran una extraordinaria diversidad de forma y tamaño.

Son muy diferentes por su forma un caballo, una foca, una jutía, un mono, y en cuando al tamaño son evidentemente contrastantes las tallas que alcanzan una rata, un perro y una ballena.

Los mamíferos han resultado siempre un grupo de extraordinario interés, ya que el hombre en todas las épocas los ha utilizado para su provecho. Fueron imprescindibles en la vida del hombre primitivo y aún hoy día sigue valiéndose de ellos, así ha obtenido carne, pieles, lana, leche y otros muchos productos.

La diversidad de mamíferos existentes ha obligado en la actualidad a clasificarlos de la forma siguiente: Los llamados **monotremas** que son los mamíferos ovíparos o sea que ponen huevos como por ejemplo el ornitorrinco y la equidna. Sus huevos pueden transportarlos en una bolsa abdominal o incubarlos en el nido. Los **marsupiales** que incluye a los mamíferos de bolsa como los canguros y las zarigüeyas. Los embriones comienzan su desarrollo en el útero materno, después de unas pocas semanas, aún en una fase muy poco desarrollada, las crías nacen y se desplazan hacia el marsupio, donde completan su desarrollo debido a que en las bolsas marsupiales está el pezón con una glándula mamaria a la que se aferran. Los mamíferos **placentarios** se caracterizan por la existencia de una placenta donde los vasos sanguíneos del embrión entran en estrecha relación con los de la madre, lo que hace posible el intercambio de materiales. No ocurre generalmente que se mezclen el torrente sanguíneo de la madre y el embrión, este intercambio ocurre a través de la estructura de la placenta. Gracias a la existencia de la placenta, el embrión permanece dentro del útero de la madre hasta su nacimiento.

Los placentarios son muy diversos en cuanto a formas y adaptaciones al medio, por ejemplo existen los más conocidos, los carnívoros donde podemos mencionar a los gatos, perros, focas, morsas, leones marinos, nutrias, etc. Otros como las ardillas y las ratas son roedores pues roen los alimentos con los dientes. Así los conejos, liebres y picas poseen largas patas adaptadas para el salto y muchos tienen orejas largas. Por su parte los elefantes, son animales de larga trompa muscular y muy flexible con una piel gruesa y de gran tamaño cuando adultos. Otros mamíferos como las ballenas, delfines y marsopas se han adaptado a su modo de vida acuático, tienen forma de pez por poseer las extremidades en forma de aletas y sin miembros posteriores, pero todos respiran por pulmones y alimentan a sus crías a través de mamas, su piel no posee escamas y el cuerpo cubierto de pelos. Existen otros como los manatíes, que son mamíferos herbívoros también poseen las características de los anteriores. Los bovinos, ovinos, cerdos, ciervos, jirafas son mamíferos herbívoros con pezuñas en sus patas, la mayoría tienen dos dígitos, pero algunos tienen cuatro, la mayoría son rumiantes o sea depositan los alimentos ingeridos y posteriormente descansan y degluten el alimento para masticarlos (rumia). Una vez llevados al estómago son transformados bajo la acción de determinadas bacterias que descomponen la celulosa. Los murciélagos por su parte son mamíferos adaptados al vuelo, un pliegue de piel se extiende desde los dedos, alargados, hasta el tronco y las patas posteriores, formando un ala. Su vuelo está controlado por una especie de sonar biológico: emiten chillidos de alta frecuencia y se guían por los ecos que se reflejan en los obstáculos. Se alimentan de insectos y frutos o bien chupan la sangre de otros animales. Suelen trasmitir enfermedades como la fiebre amarilla, la rabia paralítica y la leptospirosis.

Los primates, entre los que se encuentra el ser humano junto a otros como los monos, simios y lémures, se caracterizan porque tienen ojos y cerebros altamente desarrollados, uñas en lugar de garras, pulgares oponibles y ojos dirigidos al frente.

En Cuba existe diversidad de mamíferos como: perros, gatos, carneros, caballos, vacas, cerdos, jutías, ratas, chivos, etc. y en nuestras costas encontramos el manatí antillano y los delfines.

Sin embargo algunos de estos animales el hombre los introdujo como animales de compañía (perros y gatos), para el trabajo (mulos), cinegéticos o de caza (jabalí, venados) o como controladores de plagas (mangosta). Muchos de estos animales en la actualidad presentan poblaciones silvestres, siendo generalmente nocivos para la fauna nativa. Algunos ejemplos ilustran esta afirmación.

La Mangosta (*Herpestes auropunctatus auropunctatus*) es también conocido por los campesinos cubanos como hurón, introducida en Cuba durante la Primera Guerra Mundial con el propósito de controlar las ratas en las plantaciones cañeras. Se encuentra reportada entre las "10 especies exóticas invasoras más dañinas del mundo". Posee una marcada actividad diurna, generalmente se les observa activos y en colonias entre las 10:00 a.m. y las 4:00 p.m., especialmente durante el período lluvioso. Suelen alimentarse de una variedad de animales pequeños, jóvenes vertebrados más grandes que él como es el caso de la tortuga de mar, serpientes y pueden alimentarse también de frutas y vegetación si las condiciones no le ofrecen otra alternativa.

Es uno de los principales reservorios silvestres de la rabia en Cuba. La saliva de animales enfermos infectados con la rabia constituye el vehículo fundamental en la transmisión que se introduce en el huésped por mordeduras o rasguños. Ocasiona grandes desastres al afectar plantaciones cañeras y maizales. Es responsable de la desaparición de especies de lagartijas.

El Perro jíbaro (*Canis lupus familiares*) resulta extremadamente peligroso para los animales de corral, así como también para la fauna silvestre, fundamentalmente de vertebrados, donde se destacan el almiquí, jutías etc. Los perros jíbaros se han establecido con éxito por lo que es poco probable de eliminar.

El Gato jíbaro (*Felis silvestres catus*) causa grandes estragos tanto a animales domésticos como a la fauna silvestre de los ecosistemas naturales, fundamentalmente vertebrados.

Jabalí o puerco jíbaro (*Sus scrofa*) es un animal doméstico que fue liberado o se escapó. Introducido en muchas partes del mundo, provoca daños a cultivos, reservas y propiedades causantes de muchas enfermedades como la Leptospirosis y la Fiebre aftosa. Al hozar, arrancan grandes áreas de vegetación nativa y propagan malas hierbas, perturbando el desarrollo de los procesos ecológicos como la composición y sucesión de especies. Son omnívoros y su dieta puede incluir juveniles tortugas terrestres, aves y reptiles endémicos.

Otros como la rata negra y la rata parda o gris constituyen especies dañinas por ser portadores de ectoparásitos en el caso de la primera y por vivir en los asentamientos humanos en el caso de la segunda, la cual tiene características de plaga no solo porque devora alimentos sino especialmente porque transmite enfermedades graves.

Las acciones de control y manejo de todas estas Especies Exóticas Invasoras, depende en gran medida de la voluntad de los humanos y de las medidas higiénico-sanitarias que puedan aplicarse.

En este Capítulo has estudiado a un reino de gran diversidad y que muestra aspectos evolutivos importantes y adaptaciones a diferentes formas de vida por lo que es considerado, junto al de plantas, un reino de gran importancia zoológica.

Actividades de autoevaluación.

- ¿Por qué si las especies que integran estos grupos son tan diferentes todos pertenecen al mismo reino?
- ¿Presentan las esponjas tejidos? Argumente.
- ¿Cúales fueron los primeros animales en presentar tejidos?
- ¿Por qué las especies que pertenecen al phylum Platyhelminthes son triploblásticos?
- Consideras importante estudiar la vida de los nemátodos. Argumenta.
- ¿Cómo es el sistema digestivo de moluscos?
- Podemos afirmar que los anélidos son animales muy pequeños. Argumente.
- ¿Por qué opinas que los artrópodos comprende el grupo más amplio en especies dentro del mundo viviente?
- Haga mención de algún equinodermo que cause daño al hombre. ¿Por qué?
- ¿Por qué podemos afirmar que los peces, anfibios, reptiles, aves y mamíferos son cordados?
- ¿Qué diferencia existe entre el esqueleto del tiburón y el pargo criollo?
- ¿Por qué se afirma que los anfibios tienen doble vida?
- ¿Por qué se puede afirmar que los anfibios invaden la tierra y los reptiles la conquistan?
- Argumente la importancia de los reptiles y de las aves en la naturaleza.
- ¿Por qué los mamíferos constituyen el grupo más evolucionado del reino Animal?
- Explique brevemente cómo se aplican en Cuba medidas para el cuidado y conservación de la fauna.

CAPÍTULO III LAS RELACIONES DE LOS ORGANISMOS CON EL MEDIO AMBIENTE.

Después de haber concluido el estudio de los diferentes reinos y sus ejemplares representativos, es necesario conocer cómo cada uno de ellos establece sus relaciones con el medio ambiente y entre ellos mismos.

En la biología, la rama que se encarga de ese estudio es la Ecología. Estudia a la naturaleza como un gran conjunto en el que las condiciones físicas y los seres vivos interactúan entre sí estableciendo complejas relaciones.

En ocasiones el estudio ecológico se centra en un campo de trabajo muy local y específico, pero en otros casos se interesa por cuestiones muy generales. Un ecólogo puede estar estudiando cómo afectan las condiciones de luz y temperatura a las plantaciones de plátano en determinada época de su siembra, mientras otro estudia como fluye la energía en los bosques húmedos de nuestro país; pero lo específico de la ecología es que siempre estudia las relaciones entre los organismos y de estos con el medio no vivo, es decir, el estudio de los ecosistemas.

El ecosistema es el nivel de organización de la naturaleza que interesa a la ecología. Observa las relaciones que se establecen entre los diferentes componentes que se muestran en la ilustración de un ecosistema.

El concepto de ecosistema es especialmente interesante para comprender el funcionamiento de la naturaleza y multitud de cuestiones ambientales.

Hay que insistir en que la vida humana se desarrolla en estrecha relación con la naturaleza y que su funcionamiento nos afecta totalmente. Es un error considerar que nuestros avances tecnológicos: automóviles, grandes casas, industrias, la informatización, el conocimiento del cosmos, etc. nos permiten vivir al margen del resto de la biosfera y el estudio de los ecosistemas, de su estructura y de su funcionamiento, nos demuestra la profundidad de estas relaciones.

Los ecosistemas son sistemas complejos como el bosque, el río o la presa, formados por una trama de **elementos físicos** (el biotopo) y **biológicos** (la biocenosis o comunidad de organismos)

El ecosistema es el nivel de organización de la naturaleza que interesa a la ecología. En la naturaleza los átomos están organizados en moléculas y estas en células. Las células forman tejidos y estos órganos que se reúnen en sistemas, como el digestivo o el circulatorio. Un organismo vivo está formado por varios sistemas anatómico-fisiológicos íntimamente unidos entre sí.

La organización de la naturaleza en niveles superiores al de los organismos es la que interesa a la ecología. Los organismos viven en poblaciones que se estructuran en comunidades. El concepto de ecosistema aún es más amplio que el de comunidad porque un ecosistema incluye, además de la comunidad, el ambiente no vivo, con todas las características de clima, temperatura, sustancias químicas presentes, condiciones geológicas, etc. El ecosistema estudia las relaciones que mantienen entre sí los seres vivos que componen la comunidad, pero también las relaciones con los factores no vivos.

El funcionamiento de todos los ecosistemas es parecido. Todos necesitan una fuente de energía que, fluyendo a través de los distintos componentes del ecosistema, mantiene la vida y moviliza el agua, los minerales y otros componentes físicos del ecosistema. La fuente primera y principal de energía es el Sol.

En todos los ecosistemas existe, además, un movimiento contínuo de los materiales. Los diferentes elementos químicos pasan del suelo, el agua o el aire a los organismos y de unos seres vivos a otros, hasta que vuelven, cerrándose el ciclo, al suelo o al agua o al aire por lo que la materia se recicla -en un ciclo cerrado- y la energía fluye generando organización en el sistema.

Al estudiar los ecosistemas interesa más el conocimiento de las relaciones entre los elementos, que el cómo son estos elementos. Los seres vivos concretos le interesan al ecólogo por la función que cumplen en el ecosistema, no en sí mismos como le pueden interesar al zoólogo o al botánico. Para el estudio del ecosistema es indiferente, en cierta forma, que el depredador sea un hurón o un tiburón. La función que cumplen en el flujo de energía y en el ciclo de los materiales es similar y es lo que interesa en ecología.

Como sistema complejo que es, cualquier variación en un componente del sistema repercutirá en todos los demás componentes. Por eso son tan importantes las relaciones que se establecen.

Los ecosistemas se estudian analizando las relaciones alimentarias, los ciclos de la materia y los flujos de energía.

 a) Relaciones alimentarias.

La vida necesita un aporte continuo de energía que llega a la Tierra desde el Sol y pasa de unos organismos a otros a través de la **cadena** trófica (también llamadas cadenas de alimentación)

Las redes de alimentación (reunión de todas las cadenas tróficas) comienzan en las plantas (productores) que captan la energía luminosa con su actividad fotosintética y la convierten en energía química almacenada en moléculas orgánicas. Las plantas son devoradas por otros seres vivos que forman el nivel trófico de los **consumidores primarios** (herbívoros).

La cadena alimentaria más corta estaría formada por los dos eslabones citados (ejemplo: una vaca alimentándose de la vegetación). Pero los herbívoros suelen ser presa, generalmente, de los carnívoros (depredadores) que son **consumidores secundarios** en el ecosistema. Ejemplos de cadenas alimentarias de tres eslabones serían:

hierba - vaca - hombre

A veces se observan cadenas largas como por ejemplo:

hierba - grillo – lagartija- ave- hombre

Pero las cadenas alimentarias no acaban en el depredador cumbre, sino que como todo ser vivo muere, existen necrófagos, como algunos hongos o bacterias que se alimentan de los residuos muertos y detritos en general (organismos **descomponedores**). De esta forma se soluciona en la naturaleza el problema de los residuos.

Los detritos (restos orgánicos de seres vivos) constituyen en muchas ocasiones el inicio de nuevas cadenas tróficas. Por ej., los animales de los fondos abisales se nutren de los detritos que van descendiendo de la superficie.

Las diferentes cadenas alimentarias no están aisladas en el ecosistema sino que forman un entramado entre sí y se suele hablar de red trófica.

Una representación muy útil para estudiar todo este entramado trófico son las **pirámides** de biomasa, energía o número de individuos. En ellas se ponen varios pisos con su anchura o su superficie proporcional a la magnitud representada. En el piso bajo se sitúan los productores; por encima los consumidores de primer orden (herbívoros), después los de segundo orden (carnívoros) y así sucesivamente.

b) Ciclos de la materia.

Los elementos químicos que forman los seres vivos (**oxígeno, carbono, hidrógeno, nitrógeno, azufre** y **fósforo**, etc.) van pasando de unos niveles tróficos a otros. Las plantas los recogen del suelo o de la atmósfera y los convierten en moléculas orgánicas (glúcidos, lípidos, proteínas y ácidos nucleicos). Los animales los toman de las plantas o de otros animales. Después los van devolviendo a la tierra, la atmósfera o las aguas por la respiración, las heces o la descomposición de los cadáveres, cuando mueren. De esta forma encontramos en todo ecosistema unos **ciclos** del oxígeno, el carbono, hidrógeno, nitrógeno, etc. cuyo estudio es esencial para conocer su funcionamiento.

c) Flujo de energía

El ecosistema se mantiene en funcionamiento gracias al **flujo de energía** que va pasando de un nivel al siguiente. La energía fluye a través de la cadena alimentaria sólo en una dirección: va siempre desde el Sol, a través de los productores a los descomponedores. La energía entra en el ecosistema en forma de energía luminosa y sale en forma de energía calorífica que ya no puede reutilizarse para mantener otro ecosistema en funcionamiento. Por esto no es posible un ciclo de la energía similar al de los elementos químicos.

Ya se había expresado que los ecosistemas no se encuentran aislados, sino que el planeta está formado por muchos ecosistemas que también establecen relaciones entre sí conformando la integridad de todas las esferas terrestres y del planeta Tierra en sí.

Un **bioma** es una clasificación global de áreas similares, incluyendo muchos ecosistemas, climática y geográficamente similares, esto es, una zona definida ecológicamente en que se dan similares condiciones climáticas y similares comunidades de plantas, animales y organismos del suelo, son a menudo referidas como ecosistemas de gran extensión. Los biomas se definen basándose en factores tales como las estructuras de las plantas (árboles, arbustos y hierbas), los tipos de hojas (plantas de hoja ancha y aguja), la distancia entre las plantas (bosque, selva, sabana) y el clima. A diferencia de las ecozonas, los biomas no se definen por genética, taxonomía o semejanzas históricas y se identifican con frecuencia con patrones especiales de sucesión ecológica y vegetación clímax.

La clasificación más simple de biomas es:

1.   Biomas terrestres.
2.   Biomas de agua dulce.
3.   Biomas marinos.

Al observar la ilustración que a continuación se te presenta, podrás comprender todo lo hasta aquí analizado, en ella apreciarás que tanto las relaciones alimentarias, los ciclos y el flujo de energía están estrechamente relacionados formando una unidad que constituye a los ecosistemas.

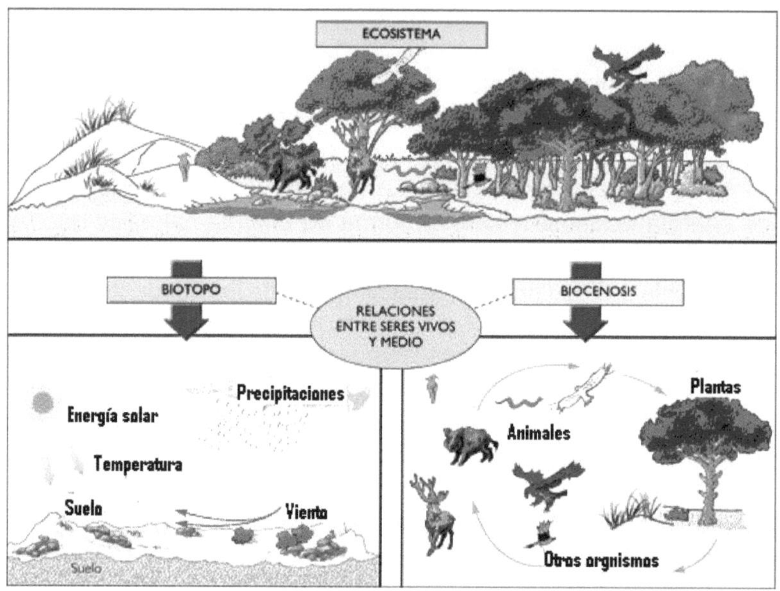

En el planeta se reconocen ocho grandes ecosistemas (o **biomas**). Estos son el bosque templado, el bosque lluvioso tropical, el desierto, la pradera, la tundra, la taiga, el chaparral y el océano. Cada uno es muy diferente de los otros debido a que las cantidades de luz solar, por tanto de temperatura y lluvia son muy diferentes. Igualmente, cada uno tiene plantas y animales especiales que viven allí adaptados a dichas condiciones.

Los límites de un bioma son determinados por el clima más que por cualquier otro factor. Por ejemplo, dado que el bioma más septentrional, la tundra, es más frío y tiene temporadas de crecimiento más breves que el resto de los biomas más cálidos, la tundra tiene menos tipo de vegetación porque pocas plantas toleran las condiciones extremas de bajas temperatura que imperan en ella. Por su parte los biomas tropicales y subtropicales, que se encuentran en latitudes más bajas, o sea más cerca del Ecuador, experimentan un intervalo relativamente más pequeño de temperaturas en el transcurso del año, llueve más y se desarrolla una diversidad de plantas y animales en ellos.

A continuación detallaremos las características de los diferentes biomas y dentro de ellos aquellos que te servirán para el trabajo de algunas asignaturas en las escuelas primarias, conocidos como Zonas de vegetación y población animal.

La **tundra** se localiza en las latitudes más frías, dondequiera que la nieve se derrite estacionalmente. Está expuesta a largos y crudos inviernos y veranos muy breves. En muchos lugares el Sol no se pone en absoluto durante muchos días a la mitad del verano, sin embargo, la cantidad de luz a media noche es solamente una décima parte de la que existe a medio día. Las bajas temperaturas provocan pocas precipitaciones pluviales y la mayor parte ocurre en los meses de verano.

Los suelos de la tundra son pobres en nutrientes y tienen pocos restos de material orgánico. Todas estas características, unidas a que una capa del suelo de la tundra permanece siempre helada y que su espesor y profundidad varían, interfieren el drenaje e impide que se desarrollen raíces de plantas grandes. Todo ello presenta a la vista un paisaje pantanoso, de lagos someros extensos y corrientes lentas.

Atendiendo a lo descrito anteriormente debe comprenderse que existan pocas especies de organismos, aunque en ocasiones aparecen cantidades de alces, líquenes (el mal llamado musgo de los renos), pastos. No crecen árboles y arbustos fácilmente reconocibles. Son comunes sauces enanos y otros árboles enanos, rara vez alcanzan más de 30 cm. de altura.

Entre los animales resistentes permanentes de la tundra se incluyen comadrejas, zorros árticos, liebres nivales, halcones, entre otros. En el verano, grandes herbívoros como el toro almizclero y caribú llegan hasta las partes más septentrionales de la tundra a pastar. No existen reptiles ni anfibios, solamente algunos pocos insectos en el verano.

La explotación petrolera y el uso militar han ocasionado daños de efecto prolongado en grandes porciones de la tundra ártica, los cuales es probable que persistan por muchos años.

La **taiga** o bosque boreal (significa lo mismo que septentrional, del norte) que se extiende por América del Norte y Eurasia, cubre aproximadamente el 11 % de las tierras emergidas del planeta. Los inviernos son extremadamente fríos, aunque no tan adversos como en la tundra. La temporada de crecimiento también es baja, recibe pocas precipitaciones, su suelo es ácido, pobre en minerales, caracterizado por una capa profunda de fragmentos de pinos y abetos parcialmente descompuestos en su superficie. Presenta numerosos estanques y lagos en lugares donde quedaron depresiones en la superficie terrestre como resultado de la glaciación anterior.

Su vegetación se caracteriza por árboles que pierden las hojas en otoño como el álamo y el abedul, en general coníferas que ofrecen elegancia al paisaje.

Entre la fauna del bosque boreal se incluyen algunas especies como el caribú que emigra de la tundra a la taiga para pasar el invierno, lobos, osos y alces. También pueden encontrarse roedores y depredadores de fino pelaje como las ardillas, conejos, linces, armiño, entre otros. La mayor parte de las especies de aves que allí viven son estacionarias y abundantes pero emigran a climas más cálidos durante el invierno. Abundan insectos, pero anfibios y reptiles siguen comportándose de manera escasa como en la tundra, excepto en las extensiones meridionales.

Los suelos de la taiga son poco productivos por lo que se desarrolla muy poco la agricultura, sin embargo el bosque boreal genera grandes cantidades de madera, así como pieles de los animales que allí viven y otros productos forestales, como resinas etc.

Los **bosques templados** se localizan en aquellas latitudes donde las precipitaciones son relativamente elevadas las que varían con la latitud. Las zonas alejadas de las costas tienden a ser secas debido a que las áreas de altas presiones permanentes, impiden la acumulación de aire húmedo, por ejemplo, el desierto de Sahara. El aire que pasa sobre una gran extensión de terreno puede secarse sin poder recargarse de humedad. Sin embargo, el clima del subcontinente norteamericano es dominado por lluvias proyectadas por cordilleras, especialmente en el oeste.

Pueden encontrarse bosques lluviosos templados de coníferas en el sudeste de Australia y en el sur de Sudamérica. En este bioma, a la precipitación contribuye la condensación de agua procedente de las aguas costeras densas. La proximidad de un bosque lluvioso templado a la línea de la costa modera la temperatura, de modo que la fluctuación estacional se reduce y por consiguiente los inviernos son benignos y los veranos son frescos. El bosque templado lluvioso tiene por característica, suelos relativamente pobres en nutrimentos, aunque su contenido orgánico puede ser elevado.

La vegetación dominante consiste en árboles perennes, o sea nunca pierden las hojas como abetos, pinabetes y tuyas. Existen plantas que crecen en los grandes árboles sin ser parasitas (epífitas) como musgos, licopodios, líquenes y helechos.

Entre los animales que viven en estos bosques se destacan ardillas, ciervos y numerosas especies de aves.

Los bosques lluviosos templados son los mejores productores de madera y pulpa para papel en el mundo. Es también uno de los ecosistemas más complejos del planeta por lo que una tala indiscriminada los afectaría considerablemente.

Los **bosques caducifolios templados** son característicos de lugares donde la precipitación oscila entre los 75 a 125 cm. al año aproximadamente. Posee veranos cálidos e inviernos crudos. Su suelo está formado por una capa superior, rica en materia orgánica, y una capa inferior profunda, rica en arcilla.

Estos bosques son dominados por árboles de madera dura y hojas anchas como el roble, el nogal y las hayas, que pierden el follaje anualmente. En las áreas meridionales los árboles son perennes de hojas anchas como la magnolia.

En todo el mundo, los bosques caducifolios, fueron los primeros en ser transformados para su uso agrícola. Por tales razones muchas especies ahora están extintas como pumas, lobos, ciervos, bisontes, osos y otras especies de mamíferos pequeños y aves. Existían también reptiles y anfibios, así como amplitud de tipos de insectos.

Donde se ha permitido la regeneración de estos bosques, por un mejor manejo de sus recursos, este bosque se encuentra en un estado seminatural, o sea muy modificado por el hombre.

Los **pastizales templados** se encuentran en zonas templadas con precipitaciones moderadas donde los veranos son cálidos, los inviernos son fríos y la lluvia a menudo escasea. Su suelo tiene gran cantidad de materia orgánica ya que las partes aéreas de muchos pastos mueren cada verano y contribuyen al contenido orgánico, mientras que raíces y rizomas sobreviven bajo la superficie. El medio oeste de Estados Unidos es un excelente ejemplo de pastizal templado. Crecen pocos árboles, excepto cerca de ríos y arroyos, pero abundan los pastos. En otras épocas, era característico encontrar altas especies de pastos, depredadores como lobos y coyotes. También se localizaban perrillos de las praderas, zorros, hurones de patas negras y aves de presa, aves de pradera, lagartos, serpientes y gran cantidad de insectos. La carencia actual de muchas de estas especies ha estado determinada por el mal uso que el hombre ha dado a estos biomas.

Las **estepas** o praderas de pastos cortos, son hábitat de pastizal templado en las que se producen menores precipitaciones que en los pastizales más húmedos pero mayor que los desiertos, tienen menos pastos y el suelo está desnudo. Los pastos nativos son resistentes a la sequía. Presentan las condiciones ideales de cultivo como los cereales, razón por la cual en los lugares donde existen, raramente mantienen sus condiciones originales, pues han sido utilizados en la agricultura.

Los **charrapales** son hábitat de inviernos benignos combinados con veranos muy secos. Su suelo es delgado y no muy fértil. Son muy frecuentes los incendios en ellos particularmente en finales del verano y otoño.

 La vegetación del charrapal es notablemente similar en distintas regiones del mundo, aunque las especies individuales son muy diferentes. Abundan especies de arbustos perennes y pueden contener pinos y robles resistentes a la sequía. Árboles y arbustos a menudo tienen hojas duras, pequeñas y rodeadas de una gruesa cutícula que reducen la pérdida de agua.

Algunos animales como los reptiles, poseen su cuerpo cubierto de estructuras resistentes a la acción de las fuertes temperaturas y su coloración es parecida al del lugar donde viven para atenuar el efecto de la escasa vegetación.

Los **desiertos** son zonas muy secas situadas en regiones templadas y en regiones tropicales. El bajo contenido de agua de la atmósfera provoca temperaturas extremas. Algunos desiertos son tan secos que en ellos es carente la vida vegetal como por ejemplo en los desiertos de Namibia y en el Atacama-Sechura en Chile y Perú. Por tales razones el suelo es pobre en materia orgánica pero a menudo con alto contenido de minerales.

La cubierta vegetal en los desiertos es escasa o nula como ya se ha planteado. Donde existe está representada por los cactos y diversos pastos que crecen en grupos dispersos. Muchas plantas de los desiertos están dotadas de espinas defensivas para resistir la intensa presión del pastoreo.

Los animales del desierto son pequeños. Durante el calor del día permanecen cubiertos o regresan a su refugio periódicamente. Por la noche salen para pastar o cazar. Existe diversidad de insectos adaptados a la vida en el desierto, así como reptiles (lagartos, tortugas y serpientes). Entre los mamíferos se incluyen roedores tales como la rata canguro americana que no necesita beber agua, utiliza la de sus alimentos o la que genera su cuerpo en el metabolismo. Viven liebres, canguros, conejos y algunas aves d presa.

Los desiertos americanos han sido perturbados por el hombre, pues los vehículos dañan la vegetación; algunos cactos y tortugas casi han desaparecido por su recolección y cacería indiscriminada.

La **sabana** es un bioma de pastizal tropical con grupos ampliamente dispersos de árboles bajos. Se encuentra en áreas de escasas precipitaciones, con períodos secos prolongados y la variación anual de temperatura es pequeña. Por esta razón las estaciones son reguladas por la precipitación más que por la temperatura.

El suelo de la sabana es bajo en nutrientes minerales debido a que la roca madre de la que se formó es pobre.

Se caracteriza por amplias extensiones de pastos interrumpidas por árboles ocasionales como acacias, cuyas púas la protegen contra los herbívoros.

En la sabana africana vive el más amplio conjunto de mamíferos de pezuña del mundo moderno: grandes hatos de herbívoros como el ñu azul, antílopes, jirafas y cebras. Los grandes depredadores, como leones y hienas, matan a miembros de esas manadas. Estas manadas suelen migran en lugares con lluvias estacionales a otras partes.

Los **bosques lluviosos tropicales** se caracterizan por las grandes lluvias que en ellos ocurren donde el agua que cae prácticamente es de la misma localidad que es evaporada por la transpiración de los propios árboles que allí viven.

Dada que la temperatura es alta todo el año, microorganismos descomponedores, hormigas y termitas desintegran la materia orgánica con rapidez y sus nutrientes son absorbidos por las micorrizas altamente desarrolladas y luego transferidas a las raíces de las plantas. De este modo, los nutrientes de las selvas lluviosas tropicales están atrapadas en la vegetación, no en el propio suelo.

En estas selvas la productividad es muy alta debido a la significativa entrada de energía solar y la abundante precipitación y se realizan muchos procesos fotosintéticos por lo que la producción de oxígeno es elevada.

En los bosques se aprecia una distribución de la vegetación en pisos, el más alto lo ocupan las copas de los árboles, el del medio los arbustos que prácticamente no permiten el paso de la luz al nivel inferior representado por plantas más pequeñas especializadas para la vida en esas condiciones.

Los árboles de estas selvas o bosques lluviosos tropicales son perennes con flores, sus raíces forman una alfombra de casi 1 metro de espesor sobre la superficie del suelo, que capta y absorbe casi todos los nutrientes minerales liberados de las hojas y detritos por procesos de descomposición. Estos árboles sostienen una amplia diversidad de plantas epífitas.

Entre los animales de esta selva lluviosa tropical se incluyen insectos, reptiles y anfibios más abundantes y variados que en cualquier otro bioma. Las aves son muy variadas y a menudo de olores brillantes. Los mamíferos como perezosos y monos viven en los árboles, aunque algunos grandes mamíferos como los elefantes son moradores del suelo.

La acción injusta y ambiciosa del hombre y la industrialización en los países tropicales pueden significar el fin de la mayor parte o todas las selvas lluviosas tropicales. Se piensa que muchos organismos selváticos se extinguirán de esta forma antes de que hayan sido descritos científicamente.

Existen otros ecosistemas que no son terrestres como los descritos anteriormente. Los ríos y arroyos son ecosistemas de agua corriente, mientras que lagos y estanques son ecosistemas de agua estacionaria. También existen hábitats marinos. No se considera necesario profundizar en ellos en este capítulo.

Desde el punto de vista humano muchos ven a los ecosistemas como unidades de producción similares a los que producen bienes y servicios. Entre los bienes más comunes producidos por los ecosistemas están la madera y el forraje para el ganado. La carne de los animales silvestres puede ser muy provechosa bajo un sistema de manejo bien controlado como ocurre en algunos lugares en África del Sur y en Kenia.

Los servicios derivados de los ecosistemas incluyen en: El **Disfrute de la naturaleza**: lo cual proporciona fuentes de ingresos y de empleo en el sector turístico, a menudo referido como ecoturismo. **Retención de agua**: facilita una mejor distribución la misma. **Protección del suelo**: un laboratorio al aire libre para la investigación científica.

Un número mayor de especies o diversidad biológica (**biodiversidad**) de un ecosistema le confiere mayor capacidad de recuperación porque habiendo un mayor número de especies éstas pueden absorber y reducir los efectos de los cambios ambientales. Esto reduce el impacto del cambio ambiental en la estructura total del ecosistema y reduce las posibilidades de un cambio a un estado diferente. Esto no es universal; no existe una relación comprobada entre la diversidad de las especies y la capacidad de un ecosistema de proveer bienes y servicios en forma sostenible. Las selvas húmedas tropicales producen muy pocos bienes y servicios directos y son sumamente vulnerables a los cambios. En cambio los bosques templados se regeneran rápidamente y vuelven a su anterior estado de desarrollo en el curso de una generación humana, como se puede ver después de incendios de bosques.

Cualquiera que sea el bioma del que se hable, requiere de la atención necesaria para su cuidado y conservación. Hoy en el mundo se suceden acontecimientos que afectan considerablemente los recursos naturales y organismos que en ellos viven. La tala indiscriminada, la caza de especies en peligro de extinción y en otros casos un abuso de la caza con usos comerciales, así como la utilización de recursos para combustibles, alimentos, etc. son algunas de las formas que causan grandes daños al medio ambiente. La política ambiental en el mundo y en Cuba hace que se reduzcan estas afectaciones y puedan reestablecerse aquellos recursos que fueron afectados. No obstante esto requiere un esfuerzo mayor.

En Cuba se han creado áreas protegidas, parques nacionales, reservas de la Biosfera y otros proyectos que garantizan un mejor control y manejo de las diferentes especies y recursos que es necesario garantizar para un futuro sostenible.

En este Capítulo, se te han presentado las relaciones que poseen los organismos con su medio ambiente y las diferentes formas adaptativas de estos a las condiciones en que viven. Se considera de gran importancia la labor que se realiza para la conservación y protección de todos los ecosistemas y por consiguiente del medio ambiente en general.

Actividades para el autocontrol

1.- Exprese brevemente qué estudia la Ecología.

2.-Después de leer las concepciones teóricas en relación a los ecosistemas, agrupe los elementos comunes y defina por usted mismo qué es un ecosistema.

3.- Dibuje una pirámide de los ecosistemas y coloque en la misma la posición de cada uno de sus componentes.

4.- menciones los principales componentes de una cadena trófica. Teniendo en cuenta este aspecto, construya una cadena trófica corta y una larga.

5.- ¿Cuáles son los principales factores climáticos y del suelo que son considerados para clasificar a los biomas terrestres?

6.- Realice un cuadro para que compare los diferentes biomas terrestres estudiados atendiendo a clima, características del suelo y organismos representativos.

7.- ¿Cuáles biomas son más favorables para la agricultura? Fundamente su respuesta.

8.- Explique brevemente cómo la actitud de los hombres y el desarrollo de la industrialización han afectado la estabilidad de los biomas terrestres estudiados.

9.- Consulta diferentes fuentes bibliográficas y resume qué medidas se toman para el cuidado y conservación de los ecosistemas y demás recursos naturales en Cuba.

BIBLIOGRAFÍA

1. Abreu Alfonso, O. (1990) La educación ambiental: una acción de todos. En *Revista Técnica Popular*, La Habana.

2. Armiñada García R. (2020) *Nociones de Zoología de los no cordados*. Material Digitalizado.

3. Arredondo Antúnez, C. y otros (1996) *Zoología de los cordados*. Primera Parte. Editorial Pueblo y Educación. Ciudad Habana.

4. Arredondo Antúnez, C, y otros (1996) *Zoología de los cordados*. Segunda Parte. Editorial Pueblo y Educación. Ciudad Habana.

5. Balmaseda Meneses M. J y otros. *Biología General*. Texto digital.

6. Barnes D. R.(1986) *Zoología de los invertebrados*. Primera Parte .Edición Revolucionaria.Ciudad Habana.

7. Barnes D. R.(1986) *Zoología de los invertebrados*. Segunda Parte.Edición Revolucionaria.Ciudad Habana.

8. Bauzá Aguiar, Vivian y otros. (1984) *Curso Facultativo de Biología*. Editorial Pueblo y Educación. La Habana.

9. Berovides Álvarez, V. (1985) *Ecología, ciencia para todos*. Editorial Científico- Técnica, La Habana.

10. Clarke, G.L.(1971) *Elementos de ecología*. Editorial Revolucionaria. La Habana.

11. Cuevas, J. R. y F. García (1992) *Los recursos naturales y su conservación*. Editorial Pueblo y Educación, La Habana.

12. Universidad para todos (2007) *Curso de Diversidad Biológica*. Universidad para todos. Editorial Academia. La Habana.

13. De Robertis, E. D. P., W. W. Nowinski y F.A. Sáez (1972) *Biología Celular*, 8va. Edición, Editorial Ateneo. Buenos Aires.

14. De la Torre Callejas, S. (1987) Zoología *de los invertebrados inferiores*. Editorial Pueblo y Educación. Ciudad Habana.

15. Kourí Flores, Juan B. (1978) *Biología General 1*, 10mo. Grado. Editorial Pueblo y Educación. La Habana.

16. Lau Apó, Francisco y otros (2004) La Enseñanza de las Ciencias Naturales en la escuela primaria. Editorial Pueblo y Educación. La Habana.

17.	Ministerio de Educación y Cultura de España (1986) Curso de formación de profesores de Ciencias. Volúmenes: La energía; Ecología; Seres vivos. Televisión Iberoamericana, Madrid.

18.	Multisaber (2003) Software: *Misterios de la naturaleza*. La Habana.

19.	Valentín Arbona, Marta (1988) *Botánica Sistemática I*. Editorial Pueblo y Educación Ciudad de La Habana.

20.	Varona, Luis S. (2005) Mamíferos de Cuba. Editorial Gente Nueva. La Habana.

21.	Vilee,C. (1996) Biología, 3ra edición, Editorial Iberoamericana, Ciudad México.

22.	Zamora Martín, E. (1980) *Diccionario de términos biológicos*. Editorial Científico-Técnica. La Habana.

23.	Zilberstein Toruncha, José y otros.(1991) Biología 5, 12mo. Grado. Parte 2. Editorial Pueblo y Educación. La Habana.

yes
I want morebooks!

Buy your books fast and straightforward online - at one of world's fastest growing online book stores! Environmentally sound due to Print-on-Demand technologies.

Buy your books online at
www.morebooks.shop

¡Compre sus libros rápido y directo en internet, en una de las librerías en línea con mayor crecimiento en el mundo! Producción que protege el medio ambiente a través de las tecnologías de impresión bajo demanda.

Compre sus libros online en
www.morebooks.shop

info@omniscriptum.com
www.omniscriptum.com

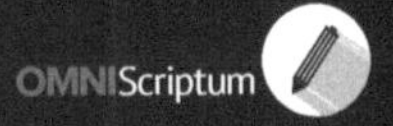

Printed by Books on Demand GmbH, Norderstedt / Germany